SYSTÈME

DE LA

CULTURE SANS ENGRAIS

Fondé par M. François-Henry BICKÈS,

DIT

ENGRAIS BICKÈS

APPLICABLE A TOUTES LES PLANTES, CÉRÉALES, LÉGUMES, FLEURS,
VIGNES, ARBRES, ETC.,

Et appuyé par plus de cent documents de l'Allemagne,
de l'Angleterre, de la Belgique, de la Hollande,
de l'Italie, et par presque tous les départements de la France.

RAPPORT AU GOUVERNEMENT FRANÇAIS,

EXPERTISES DE DEUX GOUVERNEMENTS, DES SOCIÉTÉS D'AGRICULTURE, DES CONGRÈS DE MAYENCE
ET DE DUSSELDORF ET D'AUTRES AUTORITÉS COMPÉTENTES, DES NATURALISTES
ET D'UN GRAND NOMBRE DE CULTIVATEURS.

PRIX : 1 FR. 50 C.

PARIS

CHEZ M. F. H. BICKÈS, RUE DU FAUB. POISSONNIÈRE, 46.

—

1854

SYSTÈME

DE LA

CULTURE SANS ENGRAIS

Fondé par M. François-Henry BICKÈS,

DIT

ENGRAIS BICKÈS

APPLICABLE A TOUTES LES PLANTES, CÉRÉALES, LÉGUMES, FLEURS,
VIGNES, ARBRES, ETC.,

Et appuyé par plus de cent documents de l'Allemagne,
de l'Angleterre, de la Belgique, de la Hollande,
de l'Italie, et par presque tous les départements de la France.

RAPPORT AU GOUVERNEMENT FRANÇAIS,

EXPERTISES DE DEUX GOUVERNEMENTS, DES SOCIÉTÉS D'AGRICULTURE, DES CONGRÈS DE MAYENCE
ET DE DUSSELDORF ET D'AUTRES AUTORITÉS COMPÉTENTES, DES NATURALISTES
ET D'UN GRAND NOMBRE DE CULTIVATEURS.

PRIX : 1 FR. 50 C.

PARIS

CHEZ M. F. H. BICKÈS, RUE DU FAUB. POISSONNIÈRE, 46.

—

1854

PRÉFACE.

Depuis, des siècles on s'est appliqué à des recherches
pour diminuer les frais immenses de l'engrais, qui, pour
les défrichements sur une grande échelle, ne pouvait être obtenu à aucun prix.

Schwerz, une des autorités les plus éminentes, en parlait,
la même année de nos premières expériences, en ces termes :

« Fatal nœud gordien ! que les formules algébriques les
» plus ingénieuses ne dénoueront jamais, pas même les
» atomes spiralés de Descartes ! »

« Il n'est pas bon, dit Platon, de porter trop loin la re-
» cherche des choses; les sciences naturelles ont leurs li-
» mites au delà desquelles l'homme ne peut aller, arrêté par
» le voile dont Isis couvre ses secrets. Où lui est-il donné de
» dévoiler l'essence, la force, la vie et le mouvement ? »

C'est à ce point qu'en était la science de l'agriculture,
lorsque nous commençâmes à faire l'application de nos re-

cherches : les documents que nous publions aujourd'hui prou-
veront d'une manière palpable que nous avons résolu la
question.

Nous ne nous sommes pas arrêté à résoudre seulement la
question pratique, mais aussi la question scientifique. Il pouvait suffire de produire un engrais qui ne coutât presque rien,
eu égard aux prix actuels des grains, qui pût donner une récolte double et triple de celle généralement obtenue, et qui fût
propre à fertiliser les sols les plus pauvres, qui ne produisent
même pas de mauvaises herbes.

Mais nous sommes allé plus loin : toutes nos plantes sont
plus riches en produits essentiels,—ce qui est d'une haute importance pour la santé et l'usage technique. — Les betteraves,
les tiges de maïs, etc., sont plus saccharines ; les pommes
de terre, les légumes, le tabac, etc., ont moins de crudité,
les grains plus de fécules, les fleurs et les fruits sont plus aro-
matiques ; le bouquet du vin n'en souffre point ; enfin, tout est
chimiquement plus pur.

Aucun des nombreux imitateurs n'est encore parvenu au
point où nous seul sommes arrivé jusqu'ici. Quand nous
eûmes prouvé par d'incontestables résultats l'efficacité de
notre système, des industriels qui font leurs études dans le
bureau des brevets se sont montrés en contrefacteurs; ce
qu'ils ont exécuté, le public le connaît, et il est avéré aujour-
d'hui qu'il n'y en a pas un seul qui ait atteint un résultat tel que
nous, dans la vigueur des plantes, dans les changements de
forme des feuilles, dans la force des épis de froment, qui ont
donné sur un seul pied 30, 50, 100 jusqu'à 140 épis, et trois
à quatre fois plus longs, — comme le prouvent d'ailleurs
les arbres du boulevard Bonne-Nouvelle, à Paris, préparés
en 1848, et qui sont d'une végétation toute méridionale. Leurs
branches forment boule, et même en hiver ils sont faciles à

distinguer des autres arbres par leur grand nombre de branches, d'une force végétative supérieure.

Aujourd'hui que 300 millions de francs passent sans retour à l'étranger, que la disette désole l'une ou l'autre partie de l'Europe, il est plus que jamais à désirer qu'on veuille bien étudier notre système et en faire usage pour le bonheur de l'humanité. — Et qui voudrait s'arrêter à quelques résultats négatifs causés par la maladresse et l'inobservation des instructions !

On comprendra enfin que fixer l'engrais sur la semence, c'est le mettre sur le point où il doit agir. — Cette quantité étant réglée par une expérience d'une vingtaine d'années dans les sols et dans tous les climats, il est évident qu'elle doit être aujourd'hui bien connue.

Jamais aucune autre fumure ne peut offrir cette garantie de succès.

Mettre le fumier à côté de la semence et souvent à grande distance, c'est l'abandonner au hasard ; de là l'erreur qui fait croire que c'est le sol seul qui fournit la nourriture.

Et comment se pratique ordinairement la fumure ? — Successivement on transporte l'engrais et on le met en tas sur les champs, et quand on commence à labourer, il est déjà si bien lavé par les pluies, qu'il n'en reste que la paille.

Non ! il est temps que les yeux s'ouvrent, que la lumière se fasse !

Paris, le 1er juillet 1854.

BICKÈS.

SYSTÈME

DE LA

CULTURE SANS ENGRAIS

DIT

ENGRAIS BICKÈS.

Il n'est aucun art qui contribue d'une manière plus directe, à augmenter le bien-être de l'humanité en général et de chaque homme en particulier, que l'agriculture. Aussi, ceux qui ont fait faire à cette science des progrès plus ou moins grands, ont-ils toujours recueilli, pour prix de leurs services, les hommages reconnaissants de leurs semblables.

Sans remonter jusqu'à Tripetolème dont les Grecs honorèrent la mémoire par des honneurs presque divins, ni aux autres personnages célèbres qui se signalèrent par quelque invention utile en agriculture, nous avons vu, de nos jours, Franklin, Parmentier, Mathieu de Dombalse, Saussure, Thaer, Schwertz, Fellenberg, etc., honorés à l'égal des plus grands génies qui se soient illustrés dans les sciences ou les lettres. Il est vrai, que trop souvent aussi, l'injustice et l'oubli ont été le partage des inventeurs, et qu'ils ont été réduits à attendre, de la postérité, une justice tardive; trop heureux, si leur mémoire recevait cette compensation inégale des souffranes endurées.

Il est inutile de faire ressortir, par de plus longs développements, les avantages que l'agriculture recueille de chaque invention ou de chaque découverte, qui modifie ou améliore, soit ses instruments, soit ses procédés. L'histoire de ces inventions, depuis les temps les plus reculés jusqu'à nos jours, déroulerait à nos yeux l'histoire même des progrès de la civilisation. A chaque développement de l'agriculture, en effet, correspond, avec un accroissement de bien-être, un progrès de moralité.

Aussi, est-ce pour les hommes en général, non pas seulement en leur qualité de consommateurs, mais aussi comme êtres moraux et doués de raison et d'intelligence, un devoir d'accueillir, avec bienveillance et avec gratitude, ceux qui se dévouent à la tâche difficile de tirer de la terre une nourriture plus abondante.

Nous nous sommes occupé, pendant plus de vingt ans de notre vie, à mener à bonne fin un procédé nouveau de culture qui doit, nous le croyons, et nous oserons le dire en abdiquant toute fausse modestie, doter le monde d'un développement considérable de richesses agricoles.

Pendant ces vingt années, nous avons eu, comme la plupart des hommes qui émettent une idée nouvelle, à subir bien des oppositions, bien des rivalités; nous avons eu à essuyer les dénigrements de détracteurs, ou envieux, ou intéressés.

Qu'importe, pourvu que pour prix de nos labeurs et de nos ennuis, nous puissions voir réalisé, à la fin de notre carrière, un peu de bien, notre plus douce espérance!

Plus les obstacles que l'on nous suscite sont grands, plus nous devons redoubler d'ardeur et d'activité.

Mais l'heure de la vérité sonne toujours, car elle porte en elle son droit de joyeux avènement.

Sans doute, il est étrange, qu'après tant de preuves fournies, tant de témoignages d'une compétence et d'une sincérité incontestables qui établissent l'excellence de notre système de culture et sa certaine efficacité pour faire produire à la terre un rendement incomparablement plus riche, il est étrange, disons-nous, que nous soyons encore obligé de revenir à la charge pour l'exposer de nouveau, produire les faits à l'appui et repousser des objections puériles et même de vives accusations. Mais puisque nos adversaires ne se lassent point, nous ne nous lasserons point non plus, nous, qui croyons avoir le bien et la vérité de notre côté, nous continuerons d'opposer à leurs vaines objections l'écrasante autorité des faits.

II.

On sait que pour augmenter la fertilité du sol, il faut employer ce que l'on appelle les fumiers ou les engrais. Seulement l'emploi de ce moyen est toujours extrèmement coûteux, et pour certaines terres complétement dépourvues de toute substance nutritive, il le serait à un si haut degré, que l'agriculture ne trouverait point dans le rendement de la terre de quoi l'indemniser de ses dépenses et de ses peines. Dans d'autres cas, son application serait inefficace ou impossible à cause de la nature même du sol, et de l'impossibilité de se procurer les engrais spéciaux destinés à l'amender et à l'améliorer.

Notre système de culture répond victorieusement aux deux besoins que nous venons de signaler. Comme il embrasse toutes les plantes du règne végétal et qu'il se modifie suivant la nature des plantes et du sol, comme d'ailleurs les moyens que nous employons sont très-peu dispendieux et d'un emploi très-facile, il en résulte que les inconvénients qui rendent la culture improductive ou même impossible, disparaissent par l'application de notre procédé.

Le principe fondamental de notre système est de substituer à tous les engrais *une poudre* dont la composition varie suivant le sol et la plante; car, selon que le sol est argileux, sablonneux ou calcaire, chaud ou froid, la poudre que nous employons doit être différente. Négliger cette distinction serait chose grave, attendu que nous ne pourrions point, dans ce cas, répondre du succès.

Notre procédé consiste dans un pralinage des semences au moyen d'un mélange d'eau et de poudre-engrais, et en un arrosement ou une immersion des racines du végétal à mettre en terre. C'est ainsi que les substances combinées de notre préparation chimique offrent aux racines élémentaires la quantité des principes, l'alimentation la plus complète et la plus puissante, et fournissent aux plantes tous les principes essentiels de formation dont elles ont besoin pour se développer richement.

La préparation du sol, ayant pour objet de favoriser le développement des racines et d'égaliser l'action de sa nourriture, il importe que les labours soient soignés; les récoltes n'en deviendront que plus abondantes.

Quoique notre préparation puisse augmenter la vigueur d'une semence, c'est du choix d'un grain complet, et bien nourri, que dépendent les produits abondants. La subtance chimique qui enveloppe le grain, en s'introduisant dans l'économie de la plante, augmente la qualité farineuse qui alimente le germe, enrichit la constitution de l'espèce, et la met à l'abri de la dégénérescence.

Il est important de faire les ensemencements de bonne

heure, avant l'époque ordinaire s'il est possible, surtout au printemps; le tallage a plus de temps de se développer. Après le temps d'ensemencement, et pour les plantes qui tallent, il est nécessaire d'augmenter d'un quart ou d'une moitié la quantité de semence indiquée dans le tableau donné plus loin.

Pour les arbres et les vignes, c'est en automne ou au commencement de l'hiver qu'il convient le mieux d'appliquer la préparation, et cependant on peut en faire usage avec succès jusque dans le mois de mai.

De tout ce que nous venons de dire, il est facile de se convaincre que notre préparation atteint directement le but que l'on se propose, c'est-à-dire l'alimentation de la plante. La répartition vicieuse des fumiers, au contraire, engraisse en pure perte toutes les petites surfaces où il n'y a pas de végétaux utiles et donne un aliment fâcheux aux mauvaises herbes.

Par notre procédé, la germination de la plante est plus sûre et plus complète; et nos récoltes pures de tout mélange hétérogène et plus égales mûrissent avec plus d'ensemble, attendu que la semence ayant été introduite dans la terre dans les mêmes conditions de culture et d'humidité, les produits seront aussi toujours d'une nature supérieure.

III.

Tel est l'exposé sommaire de notre système, exposé que nous compléterons plus bas en donnant la liste des différentes poudres qu'il faut employer, suivant la nature du sol et des plantes.

Vingt ans d'expériences nous ont démontré, d'une manière évidente, incontestable, l'immense supériorité de notre système sur la méthode de culture ordinaire. Des faits nombreux, authentiques, irrécusables, des expertises faites par un grand nombre de sociétés agricoles, des témoignages décisifs donnés par des hommes d'une compétence et d'une véracité au-dessus de toute suspicion (expertises et témoignages dont nous mettrons un certain nombre sous les yeux de nos lecteurs), établissent avec une certitude qui défie toute contradiction, les résultats suivants obtenus par notre invention.

1° Application générale à tous les sols et à toutes les plantes, arbres, jardinage, fleurs, bref à tous les végétaux de grande et petite culture;

2° Application presque sans frais ; la quantité des semences pour les céréales étant la moitié de moins.

En économisant seulement 1 hectolitre de froment par hectare, à raison de 30 francs l'hectolitre, il en résulte pour le cultivateur un bénfice de 10 francs par hectare;

3° Augmentation considérable des produits, ordinairerement double et triple récolte;

4° L'essentiel est beaucoup plus développé en général; les blés sont plus gros et plus farineux, les racines plus sucrées et plus volumineuses, et les fleurs, outre une couleur plus vive, ont le parfum plus exquis.

5° Jachères et assolement rendus inutiles ;

6° Mise en culture immédiate de tous les terrains improductifs, tels que sables, dunes, landes, etc., etc.

7° Reboisement des montagnes les plus abruptes.

8° La propriété de notre poudre étant d'attirer et de conserver l'humidité, les plantes pourront par conséquent supporter un plus haut degré de sécheresse. L'application de la poudre les rend aussi plus propres de résister aux climats extrêmes, et cette faculté peut être considérablement augmentée. Dans ce dernier cas, il est nécessaire d'indiquer pour la préparation d'une composition spéciale de la poudre, la plus haute température du sol et de la contrée ;

9° La production de la pomme de terre est aujourd'hui d'une telle importance, que nous croyons devoir en parler en particulier, et dire que notre système permet d'augmenter considérablement ces tubercules, et particulièrement dans le Midi, où on pourra continuer la plantation jusqu'au mois d'août, car, comme il résulte de la lettre de M. le comte d'Orsay, des pommes de terre plantées le 1er septembre avaient produit des tubercules mûres et assez grandes, qui furent mangées le 14 novembre, à la ferme Champ-Boursy, près Saint-Germain-en-Laye, appartenant à Mme la duchesse de Grammont, par conséquent deux mois et demi après la plantation.

Nous recommandons à l'attention de nos lecteurs les documents suivants, qui rendront certains, pour les moins crédules, l'efficacité et l'excellence de notre système ; nous appelons surtout l'attention sur le mémoire si détaillé et si décisif, que M. Engelhardt, ministre de France, en Allemagne, adressa, en 1843, au sujet de notre invention, à M. le ministre des affaires étrangères. Toutes les incrédulités s'évanouirent devant l'autorité d'un homme qui, au su de tout le monde, réunissait la plus parfaite loyauté à la haute expérience qu'une longue carrière diplomatique lui avait permis d'acquérir.

EXTRAIT.

Mayence, le 23 décembre 1843.

Monsieur le Ministre,

Un sieur Bickès, propriétaire à Mayence, a lancé le prospectus d'une souscription pour la culture sans engrais.

Les conditions de la souscription sont assez simples. M. Bickès a entendu les établir de manière à écarter l'idée et la possibilité d'une duperie, attendu dit-il, que la souscription n'est payable qu'après que les souscripteurs auront reconnus que les résultats ont justifié leur attente et que l'invention aura été pratiquée dans mille communes.

Le caractère connu de M. Bickès ne permet pas de suspecter sa bonne foi, et encore moins sa loyauté; s'il est prophétique et enthousiaste comme tous les gens profondément convaincus, et spécialement les Allemands, il n'en est pas moins un parfait honnête homme.

M. Bickès a eu le sort de tous les inventeurs, sa découverte a rencontré plus de détracteurs que de prôneurs, et cela surtout de la part des agronomes littéraires et des savants de l'Allemagne. C'est qu'en Allemagne, tout ce qui ne procède pas par la science, et de la science, est contestée de prime-abord. Or, M. Bickès parlait tout simplement de la pratique.

Quoi qu'il en soit, de cette polémique scientifique qui continue encore, l'invention m'a paru très-importante pour ne pas être signalée à l'attention du gouvernement du roi, et plus spécialement à celle de M. le ministre de l'agriculture et du commerce.

En effet, avant que d'admettre pour ma conviction personnelle les résultats constatés dans les certificats et documents joints à la brochure de M. Bickès, à l'effet de prouver l'utilité pratique de sa découverte, j'ai surveillé et suivi avec attention, pendant les trois années de 1841 à 1843, les différentes applications qu'il en a faites dans la banlieue de Castel.

Or, voici ce qui de ces résultats publiés est actuellement constaté d'une manière irrécusable, tant parce que j'ai vérifié en personne, que ce qui a été constaté lors de l'expertise qui a eu lieu par une commission de la Société agricole du grand duché de Hesse, sur l'ordre du gouvernement, le 20 juillet 1843.

1° Dans une fosse uniquement remplie de sable du Rhin, à une profondeur de quatre pieds, et portant les mêmes plantes pendant deux années consécutives :

Des tiges de chanvre de la plus belle venue et ayant sept pieds d'élévation.

Des plantes d'orge de cinq pieds de hauteur en faisceaux, de vingt à trente tiges, couronnés d'épis longs et bien fournis;

2° Dans des pots de fleurs remplis de sable du Rhin, des *plantes de froment*, d'une venue extraordinaire de vigueur.

3° Dans un enclos abrité exposé au midi, terre moyenne un peu pierreuse, travaillée à la bêche, mais qui n'a pas reçu d'engrais depuis huit années.

Du ray-gras de France et d'Italie, de six pieds à six et demi de hauteur. (1).

Du trèfle blanc, de neuf pieds,   ⎛ Ces plantes, se-
Du trèfle rouge ou *d'Allemagne*, trois pieds 4 pouces, ⎜ mées en 1842,
De la luzerne, trois pieds huit pouces,   ⎟ portaient la deu-
Du trèfle de Suède, trois pieds.   ⎝ xième année.

Orge d'hiver, six pieds de hauteur et portant trente et jusqu'à cinquante-cinq tuyaux par plante.

Avoine, six pieds et demi de hauteur, avec trente à trente-huit tuyaux par plante ou grain

Froment d'été, sept pieds d'élévation avec vingt à vingt-cinq tuyaux par tige de grain et portant de cinq à six grains dans une balle.

Orge de Himalaya, portant six rayons au lieu de quatre.

Bette blanche, de onze pieds de hauteur avec des tiges très-épaisses en proportion.

Enfin, choux, pommes de terre, salade, oseille, fenouille, tabac, mauves,

____

(1 Le pied de Hesse = 10 pouces 25 centimètres.

tournesols, etc., tout présentait une plus grande vigueur de végétation et de développement que partout ailleurs.

Le maïs était surtout remarquable ; les plantes présentaient quatre à cinq tiges avec cinq et six épis chacune.

En 1842, j'avais vérifié dans la banlieue de Castel, sur un terrain aride et sablonneux, une culture de maïs à la Bickès, dont la plupart des plantes portaient deux, trois, et jusqu'à quatre tiges, avec trois, quatre, et jusqu'à cinq épis à la tige.

Indépendamment de ces vérifications faites sur les lieux, et quelque fut ma confiance dans la sincérité de M. Bickès, il m'importait encore de pouvoir juger les résultats de sa découverte sur une plus grande application et sur un sol autre que le sien et soustrait par conséquent à tout arrosement extraordinaire.

Je lui demandai donc de se prêter à cette expérience et il y accéda ; il se rendit en conséquence à Hernsheim, au château de Mme la duchesse de Dalberg, à huit lieues de Mayence, où il fit ensemencer un champ de graines de colza préparées par lui. La graine a été fournie de la ferme du château, et l'ensemencement fait à la volée par l'un des valets de labour en présence de M. Bickès et de mon frère, intendant de Mme la duchesse.

Je laisserai maintenant parler mon frère dans l'attestation remise à M. Bickès :

Hernsheim, 18 novembre 1843.

« Un champ de la quatrième classe, d'une superficie de deux cent quatre toises ☐ de Hesse, labouré et disposé comme d'ordinaire, mais non fumé, ensemencé en juin 1842, de colza préparé par M. Bickès, a donné les résultats suivants :

« 1° Les semences Bickès furent plus longtemps à pousser hors de terre que sur les champs voisins ensemencés d'une autre manière ;

« 2° Vers la fin d'août 1842, presque tous les champs de colza furent envahis par la mordelle (pucerons), de telle sorte qu'on dut faire passer la charrue sur un grand nombre de cultures de colza ;

« 3° Dans le champ Bickès on n'a remarqué aucun vestige de pucerons ;

« 4° Au contraire, vers la même époque, les plantes de ce champ prirent un tel développement de croissance et de vigueur, qu'elles dépassèrent considérablement toutes les cultures similaires. Le vert y était d'une couleur plus foncée et plus fourni ;

« 5° A la première reprise de végétation de 1843, les plantations surgirent si abondamment que tout le champ ressemblait à un buisson épais ;

« 6° Après la formation complète des gousses on remarqua grand nombre de plantes portant deux gousses à la même souche ;

« 7° A la même récolte la graine était pure, ronde, noire et très-douce au toucher ; le rouge y était imperceptible ;

« 8° Les deux cent quatre toises ont produit, en colza nettoyé et ensaché,
« Quatre et demi malters de Hesse (1).

« 9° Jamais rendement semblable n'a été obtenu dans notre banlieue, même sur les meilleures terres de la première classe. »

Le produit Bickès, à Hernsheim, à raison de cent vingt-huit litres par malter, a donc donné cinq cent soixante-douze litres sur une superficie de douze cent soixante-quinze mètres ☐, ce qui correspond à un rendement de quarante-quatre hectares, quatre-vingt six litres.

Dans le grand duché de Hesse, le produit d'une bonne année ordinaire

___

(1) 400 toises de Hesse = 2 500 mètres cubes. ☐
   204 Idem   = 1,275 idem. ☐

(moyenne de cinq) a été constaté officiellement par arpents des meilleures terres, à 7 malters = 8. 96 litres, ou par hectare = 35. 84 (canton de Sainte Fungstads et de Heppenheim.)

Canton d'Asthokfen, à une lieue de Hernsheim, par hectares, à 5 malters = 6. 40 litres $\frac{4 \text{ litres}}{25 \cdot 60}$

Dans l'arrondissement de Lille, celui qui est le plus productif du département du Nord et de toute la France à la fois, le rendement d'une bonne année a été constaté officiellement à 21 93

Le rendement moyen des vingt-un départements de la région nord oriental de la France est de 13 44

et de celui des vingt-deux départements du midi oriental . 8 99

Un autre essai de la découverte Bickès a été fait à Hochheim, à la demande de l'un des membres de la Société agricole du duché de Nassau, en 1843.

Un champ de quatre-vingt dix toises nassauriennes, présentant sur toute la superficie les mêmes conditions de sol et d'exposition, a été divisé dans toute sa longueur en deux parties parfaitement égales, dont l'une fut ensemencée en orge préparé par M. Bickès, et l'autre sans préparation, mais pour tout le reste, quantité, qualité des semences, main-d'œuvre, etc. Les choses furent absolument les mêmes pour chaque moitié.

Cette expérience a donné les résultats suivants : déjà la germination, la moitié Bickès, devança beaucoup l'autre moitié.

Lors de la récolte, la moitié Bickès produisit soixante-une gerbes, lesquelles rendirent en orge ensachée :

2 3|4 malters de Hesse = 3 hect. 43 litres, et 43 bottes de pailles pesant 587 hect. (à 1|2 kil.)

L'autre moitié produisit :

42 gerbes 17|3 malters d'orge = 2 hectol. 40 litres, et 28 bottes de paille, du poids de 382 kil.

Il y eut donc une différence de 45 p. 0|0 à l'avantage de la moitié Bickès.

Comme 148 toises de Nassau = 2,500 mètres ☐, le rendement de 343 litres sur la moitié de 90 toises, équivaut à l'hectare à 35 hect. 98 litres.

Dans le département du Nord, le rendement est de 31 74, et ce département offre le maximum des quarante-trois départements de la moitié orientale de la France.

Encore faut-il ajouter que le champ de Hochheim donnait, en 1843, sa quatrième récolte, puisque laissé en jachère enfumée, en 1839, il avait produit :

En 1840   du colza;
En 1841   du froment;
En 1842   des pommes de terre.

Les expériences faites à Hernsheim et à Hochheim à la fois, auraient donc confirmé les résultats constatés dans les divers documents insérés dans la brochure de M. Bickès.

Il n'y aurait donc plus à douter des avantages de la découverte pour les pays qui ont encore des terrains incultes ou qui cultivent en jachère et n'ont, par conséquent, ni le bétail ni les engrais suffisants.

La France se trouverait plus ou moins placée dans ces conditions.

En effet, les documents officiels, publiés sur les quarante-trois département qui constituent la zône orientale de la France, constatent que sur les vingt cinq millions d'hectares du domaine agricole de cette moitié de royaume. il y a :

       8,863,000 hectares affectés aux cultures en grains
       3,335,000   id.   en jachères annuelles ;
       4,498,000   id.   en pâtis, landes et bruyères ;
       1,947,000   id.   en prairies naturelles et seulement
         733,000   id.   en prairies artificielles ;
       5,697,000   id.   en bois, vergers et châtaigneraies.

Le simple rapprochement de ces chiffres expliquerait donc comment, en France, le rendement moyen général en froment n'est que de onze hectolitres à l'hectare, et celui spécial des quarante-trois départements de la zône orientale, de douze hect. quarante-un litres, tandis qu'il est de vingt-deux à vingt-trois en Belgique, sur les rives allemandes du Rhin et dans tous les pays qui ont abandonné le système de l'assolement triennal. Le département du Nord, c'est-à-dire le plus productif de toute la France, rend vingt hect., soixante-quatorze litres en bonne année ordinaire, et dans les mêmes conditions, on obtient vingt-quatre à vingt-cinq litres dans la Hesse-Rhénane.

Ces chiffres expliqueraient en outre comment la France, avec son sol riche et varié, est cependant demeurée tributaire de l'étranger pour une foule de produits nécessaires à sa consommation et à son industrie et que son agriculture pourrait lui fournir en surabondance, car dans les questions économiques, tous les faits se lient et se tiennent entre eux par des effets qui deviennent causes à leur tour. Ainsi, fourrages, bétail, céréales et industrie sont absolument la même chose que les principes de production et de prospérité.

Sans rien exagérer, le chiffre de ces produits étrangers s'élève annuellement de 140 à 150 millions, d'après les valeurs officielles de nos importations, en 1841, valeurs qui du reste sont loin d'atteindre la réalité du prix.

En voici d'ailleurs le détail sommaire. Il a été importé en France en 1841 :

1° En viande sur pied (bœufs, moutons et porcs) . . .		9,700,000 fr.
2° En peaux, grandes et fraîches		11,000,000
3° Oreillons, os, cornes, sabots et poils de bétail . . .		2,000,000
4° Graisses de mouton, suifs et saindoux		6,000,000
5° Laines d'Europe		45,000,000
6° Fromages		3,000,000
7° Beurre		2,200,000
8° Engrais		1,500,000
9° Gradus		3,600,000
10° Graines oléagineuses		49,000,000
11° Lin et chanvre		6,700.000
12° Légumes secs et fourrages		900,000

Total : 140,600,000 fr.

En toute rigueur il faudrait encore ajouter la valeur en huile d'olive avec 23,000,000, mais il faudrait en déduire 18 à 19 millions pour nos exportations en viande sur pied, en beurre, fromages, grains et autres objets similaires, de sorte qu'il y aurait à peu près compensation.

Si donc, la découverte Bickès n'avait d'autre résultat que de diminuer d'un cinquième le tribut que nous payons annuellement à l'étranger, elle vaudrait déjà la peine qu'on s'en occupât. Il faudrait s'en occuper encore comme moyen de lutter avantageusement contre les tendances des pays étrangers d'Europe, à se suffire de plus en plus à eux-mêmes et à repousser nos produits.

Mais ce résultat ne serait sans doute pas le seul, puisqu'il y aurait à tenir compte de l'économie notable que l'on obtiendrait dans les frais de labour et de culture du domaine agricole actuel en France.

Enfin, la découverte Bickès m'a paru surtout importante pour les départements du Midi, de sorte que j'ai pensé qu'elle pourrait venir en aide à la sollicitude de M. le ministre du commerce et aux efforts qu'il fait encore chaque jour pour modifier et améliorer le système des cultures dans cette partie de la France. C'est du moins dans cette pensée que j'ai osé appeler de longtemps la sollicitude de Votre Excellence sur cette question.

M. Bickès a été recherché, pour son secret, par M. le comte de Hompesch, propriétaire en Belgique, avec lequel il a conclu un traité éventuel, à raison de 1 million pour la Belgique, et de 6 millions pour la France. M. de Hompesch s'est chargé de faire, de sa personne, toutes les démarches dans les deux pays, afin d'amener les gouvernements à acquérir la découverte pour chaque royaume. Son plan paraît être de faire ajouter le prix du forfait à conclure alors pour lui à la contribution foncière, en le répartissant, sur un certain nombre d'années à cinq centimes par hectare de superficie en culture et en bruyère.

D'après ce système, les 6 millions de la France, à raison de trente-cinq millions d'hectares, donneraient par hectare un surcroit d'impôt foncier de 18 centimes une fois payés; du reste, M. Bickès assure, et je le pense également, que M. de Hompesch ne se met en avant que par une pensée de philantropie et dans un intérêt exclusivement humanitaire.

D'un autre côté, des propositions ont été adressées de Paris à M. Bickès, par une société qui entend s'y former par actions, pour prendre en location dans diverses contrées de la France, vingt-cinq mille hectares de terre à cultiver d'après sa méthode. Mais M. Bickès craint, et avec raison, de prêter son nom et son temps à une affaire dont l'on entend faire spéculation à la Bourse, et dont il finirait par être la dupe, puisqu'au bout de cinq années il aurait à livrer son secret à ses associés.

Du reste, je pense que si le gouvernement du roi voulait traiter directement avec M. Bickès, ce monsieur ne se refuserait pas à se soumettre préalablement à toutes les expériences quelconques à faire sur les terrains qu'on lui assignerait, dans tel ou tel département de la France.

Je suis, etc., etc.

Signé ENGELHARDT (1),
Consul de France à Mayence, et chargé spécialement
des intérêts de la France, avec le Zollverein de
l'Allemagne.

A ce mémoire si plein de faits, nous joindrons d'autres documents qui ne prouvent pas moins en faveur de notre système.

Voici d'abord une lettre qui atteste le vif intérêt que son A. R. le prince Maximilien (aujourd'hui roi de Bavière) portait, dès 1842, à notre invention. Elle nous a été adressée le 11 décembre de la même année par M. le curé Mayr, membre de la Société topographique et agricole à Schwabrück :

« Dès le lendemain de la réception de vos papiers, je me suis rendu à Hohenschwaugau auprès de son Altesse Royale, que son royal père, Louis

____

(1) Mort en novembre 1852, ambassadeur extraordinaire à Carlsruhe, grand duché de Bade,

de Bavière, a nommé président de toutes les sociétés agricoles de Bavière. Je lui montrai mes papiers, dont le contenu plut à un si haut degré au prince royal Maximilien, que Son Altesse fut occupée, pendant sept quart d'heure, à les lire avec son maréchal baron de Zollern et l'adjudant Hartmann. Elle considère votre invention comme bienfaisante au plus haut degré, comme répondant complétement à tous les besoins, comme devant détruire entièrement l'indigence. Ce que son Altesse Royale trouvait surtout digne d'éloge, c'était :

« 1° Que vous ne demandiez de paiement que lorsque chacun aurait fait l'expérience de l'efficacité de votre procédé;

« 2° Que vos demandes étaient extrêmement raisonnables; pourtant elle ajoutait ces mots : « Cet homme sera d'ailleurs récompensé d'une manière « particulière par tous les gouvernements et cabinets, comme un des plus « grands bienfaiteurs de l'humanité, aussitôt que les faits tels qu'ils sont « présentés ici, auront été confirmés; car un pareil inventeur mérite les « récompenses et les témoignages de gratitude les plus considérables de « la part de tous les Etats! »

Voici une autre lettre non moins importante, qui m'a été adressée par M. Neydeck, conseiller régisseur des domaines de la grande-duchesse Stéphanie de Bade, et ancien directeur du Jardin des Plantes de Mannheim.

Mannheim, ce 12 septembre 1844.

Monsieur,

« J'ai reçu votre lettre du 23 août; je parlai à ce sujet à son Altesse Royale Mme la grande duchesse Stéphanie de Bade, et j'en reçus l'ordre de me convaincre auprès de vous, par mes propres yeux, et de réclamer de vous, de vive voix, différentes explications.

« Aussi ai-je bien déploré de ne pas vous avoir rencontré. Mais M. Spielmann, banquier, a eu l'obligeance de me faire différentes communications au sujet de votre précieuse invention : seulement j'ai regretté de n'avoir pu voir les plantes que vous avez conservées comme échantillons. Malheureusement j'avais trop peu de temps à moi pour pouvoir visiter au dehors vos champs d'expérience; mais je dois au hasard d'avoir pourtant vu quelque chose.

« Chez le jardinier Hock, j'ai trouvée une rangée d'orges dans leur *seconde pousse*, les premiers épis étaient déjà mûrs et avaient été coupés. Je trouvai, attachées à une seule plante, vingt-sept nouvelles tiges vigoureuses, qui déjà étaient en partie en épis. Deux rangées de pommes de terre ne m'offrirent, il est vrai, aucune différence essentielle comparativement à d'autres pommes de terre très-bien fumées qui se trouvaient à côté. Comme d'ailleurs les pommes de terre sont plantées dans un très-bon sol, votre préparation a néanmoins un avantage, puisque, avec une fumure de beaucoup moins coûteuse, vous avez atteint le même résultat.

« M. Hock me fit remarquer une plantation sur la terre de M. Merz.

« Cette terre, je la connais depuis vingt-cinq ans, et j'étais d'autant plus désireux d'y voir l'application de vos essais, que le peu de productivité du sol m'est depuis longtemps connu.

« M. Merz eut la complaisance de me montrer le champ d'expérience : là, ce qui m'a surtout frappé, ce sont les épis pleins et vigoureux de l'orge à six lignes, et qui sont si beaux que je n'en ai pas encore rencontré de plus parfaits sur les champs les mieux conditionnés. Quant à l'orge plantée dans du sable mouvant, il me semble que les rangées pourraient être un peu plus serrées. Mais l'orge à deux lignes, l'avoine, les pommes de terre et le maïs, je les ai trouvés en tout aussi bon état que dans les champs sabloneux voisins. Je n'ai pas pu juger du raifort, attendu qu'il avait été arraché par mégarde ; pourtant les feuilles de cette plante, qui gisaient encore sur le sol, contrastaient très-avantageusement par leur fraîche verdure et leur vigueur avec les feuilles jaunes et maigres des mêmes plantes qui étaient encore en terre, mais qui n'avaient pas été préparées suivant votre procédé.

« Cultiver des fruits dans ce sable mouvant, c'est ce qui ne peut venir à l'idée de personne, à moins qu'il n'ait à sa disposition beaucoup de fumier ou de terreau ; aussi votre invention est-elle d'autant plus précieuse que vous avez atteint ce but avec une dépense à peine appréciable. Il est facile de se convaincre sur ce champ que votre procédé n'amaigrit pas le sol ; car s'il s'y trouvait une ombre de force productive, l'agrostis *minima*, et d'autres plantes maigres et qui se plaisent dans le sable, pourraient au moins y croître. Il est évident, de manière à ne plus en douter, que votre préparation de la semence rend les plantes capables de puiser leur nourriture surtout dans l'air. Aussi me semble-t-il que votre invention ne peut agir dans toute sa force que là où elle est appliquée en grand ou sur certaines plantes particulières, qui *ne soient pas trop près d'autres plantes non préparées.*

« Quelqu'un m'a fait l'observation que le temps favorable qui a régné cette année est venu singulièrement en aide à vos plantations. Je le veux bien, mais je n'y trouve rien qui soit de nature à amoindrir votre invention ; car enfin ce temps a été tout aussi favorable aux autres champs de sable qui sont dans un bon état de culture.

« Comme mes affaires ne me permettaient point de m'arrêter plus longtemps, je n'ai pu voir vos essais sur des champs de meilleure condition, je me réserve cette tâche pour plus tard.

« Hier donc j'ai fait, à Baden, verbalement mon rapport à son Altesse Royale Mme la grande duchesse Stéphanie, et j'en ai reçu la mission de souscrire pour elle et pour son personnel pour dix-neuf actions : je m'inscris moi-même pour une action. Vous reconnaîtrez sans doute la solvabilité, sans avoir besoin d'une attestation judiciaire.

« Je dois vous demander en outre si la communication de votre procédé n'aura lieu qu'à la fin de cette année ou si elle sera faite plus tôt, afin qu'il puisse encore être appliqué en partie lors des semailles d'hiver.

« Je suis sur le point de partir pour Umkirch, près Fribourg, où je resterai quatre à cinq semaines. Si vous vouliez avoir la complaisance de m'écrire aussitôt qu'il vous sera possible, veuillez adresser votre lettre à Umkirch.

« J'ai l'honneur d'être, avec une considération distinguée, votre dévoué,

K. J. NEYDECK,

Conseiller régisseur des domaines de la grande-duchesse
Stéphanie de Bade, et ancien directeur du jardin des
Plantes de Mannheim.

Le journal *Didaskalia*, dans son numéro 139, 30 mai 1843, rend ainsi compte de la réunion agricole de Dusseldorf, qui eut lieu le 14 mai de la même année, et du discours qu'y prononça M. le Président, comte van der Recke-Volmerstein.

Dusseldorf, 15 mai.

Dans la séance qui réunissait hier après-midi, dans la salle de Becker, la quatrième section locale de la Société agricole, le comte van der Recke a prononcé un discours remarquable au plus haut degré. Voici ses paroles :

« Nous sommes, Messieurs, à la veille d'une grande catastrophe agricole ! Jusqu'ici, dans tous les domaines particuliers de la science humaine, les inventions ont succédé aux inventions, et l'intelligence s'est élevée toujours de plus en plus parmi les artisans, les artistes et les savants. Mais dans l'agriculture, quels qu'aient été les efforts pour l'élever jusqu'à la dignité d'une science véritable, rien d'extraordinaire ne semblait vouloir apparaître, bien que les efforts les plus persévérants et les esprits les plus distingués fussent tournés vers ce but. Je me réjouis d'autant plus, Messieurs, que la sagesse divine (qui, toujours quand le besoin s'en fait sentir, permet à l'homme de plonger un regard dans les merveilles de la nature pour alléger la misère et soulager les besoins), ait encore pris ce soin aujourd'hui. Je regarde en effet l'invention de M. Bickès comme un don de Dieu, comme un regard profond, et j'oserai dire sauveur, jeté dans la vie cachée des plantes. C'est aux recherches de M. Bickès que nous devrons après Dieu, d'assister à une complète transformation de l'état de l'agriculture.

« Bien plus, nous pouvons affirmer avec assurance, que l'état de la société humaine tout entière en sera profondément modifié. L'invention Bickès, qui consiste à fumer la semence au lieu de la terre, amènera une solution des plus bienfaisantes ; elle aura la plus salutaire influence sur l'état de la société tout entière ; et je puis assurer, après que l'auteur m'a communiqué son système, que ses résultats sont *indubitables ;* je la considère comme l'une des inventions les plus bienfaisantes et les plus salutaires de ces derniers siècles, et mon cœur palpite de joie dans l'espérance que désormais, non-seulement les peines du laboureur seront adoucies, mais encore que la misère et le besoin seront écartés, de manière à permettre un grand développement de l'état moral de l'humanité. »

La *Gazette de Mayence* du 26 mai 1843, parle en ces termes de notre invention :

Moyen de se passer d'engrais en agriculture.

Mayence, 25 mai.

« Il y a longtemps que nous avons eu occasion d'appeler l'attention de nos lecteurs sur l'invention extrêmement remarquable de notre compatriote, M. Bickès ; invention qui est destinée à opérer, non-seulement dans les procédés de culture, mais surtout *dans la valeur du sol et du terrain* et par suite dans la situation sociale de tous les états de l'Europe, une transformation extraordinaire, mais des plus bienfaisantes.

« Nous allons essayer d'éclairer nos lecteurs aussi bien sur les résultats immédiats que sur les conséquences indirectes de cette invention ; mais, auparavant expliquons en peu de mots le fond même du système :

« Chacun sait que les plantes ne tirent pas leur nourriture exclusivement du sol, mais aussi et pour la plus grande partie de l'air atmosphérique, par la feuille, la tige, etc. Ce phénomène, universellement connu, paraît avoir amené l'inventeur à se demander s'il ne serait pas possible de communiquer aux plantes utiles la propriété de s'assimiler avec plus d'énergie et d'efficacité les matières nutritives de l'atmosphère et de croître et de se développer avec force, quand même le sol stérile et improductif, dans lequel ces plantes ont pris racine, leur refuse tout aliment.

La solution de ce problème a complétement réussi à M. Bickès, soit par une faveur du hasard, soit, comme nous avons lieu de croire, par l'effet de recherches profondes et assidues.

Par une préparation, probablement chimique, de la semence, qui est son secret, M. Bickès parvient à donner une telle force d'assimilation aux semences des espèces les plus différentes, même à celles qui, d'après des expériences connues, exigent absolument un terrain très-gras et bien fumé, que la plante qui en naît, puise dans l'air une nourriture suffisante et peut, par conséquent, se développer et réussir, même sur le terrain de sable le plus aride.

Une série d'essais authentiques a mis au-dessous du doute et des contestations la certitude et l'efficacité de cette étonnante invention.

La société agricole de Dusseldorf, dans la séance du 17 de ce mois, en a fait le sujet de ses discussions, et le comte van der Recke-Volmerstein, président de cette société, en a fait ressortir l'importance dans un rapport spirituel et approfondi.

Conformément à ses conclusions : la société a décidé qu'elle prierait l'*Administration royale d'agriculture de Prusse* d'acquérir, au profit de l'Etat, le secret de M. Bickès et de rendre son invention d'une utilité générale.

Antérieurement déjà (décembre 1842), M. Bickès a organisé un plan de souscription, par lequel il devait lui être assuré une compensation de ses longs travaux et de ses nombreux sacrifices ; à ce prix, il s'engageait à rendre sans retard public son bienfaisant secret.

La manière dont cette publication aura lieu importe peu ; il est néanmoins extrêmement regrettable qu'une invention, qui est de nature à guérir les maux les plus dangereux de notre époque, soit demeurée pendant dix ans inappliquée et inutile ; mais ce serait un déshonneur et une honte pour notre époque, si après tant d'efforts qui ne laissent plus aucun doute sur l'existence effective et sur la force efficace de cette invention, on hésitait encore plus longtemps, tandis que l'on ne manque jamais de millions pour construire des fortifications et des panthéons.

Nous signalons donc cette invention comme le remède aux maux de notre époque, comme le mobile d'une salutaire transformation de l'état social. Quand le sol improductif et jusqu'ici presque sans valeur, qui se trouve actuellement entre les mains de communes ou d'individus pauvres, sera devenu tellement productif, et aura acquis par suite un tel excédant de valeur qu'il égalera les terres grasses et fertiles de riches propriétaires, la conséquence nécessaire de ce changement sera non-seulement un accroissement dans la valeur du sol, mais encore une transformation de la position sociale de la classe inférieure des cultivateurs.

Des communes qui, possédant une grande étendue de landes arides, mais languissant jusqu'ici dans la pauvreté, se verront tout à coup en état de donner à tous leurs membres des espaces suffisants de terres productives; les prix des subsistances et des salaires, les fermages (spécialement en Angleterre), le prix du bétail, etc., subiront un changement radical; mais la considération la plus importante est que tous ces changements profiteront surtout et principalement aux classes pauvres et laborieuses, sans causer aucun dommage aux propriétaires et aux riches, auxquels ces avantages sont favorables aussi, mais à un moindre degré. »

Le *Journal de Francfort*, du 26 juillet 1843, contient une correspondance de Mayence, datée du 24 juillet, qui n'est pas moins explicite sur les résultats obtenus par nous. Voici cette correspondance :

« Jeudi passé, une commission de la société agricole de la province de la Hesse Rhénane, s'est réunie par l'ordre du ministre grand ducal de l'intérieur, sous la présidence du président de la province, M. le baron de Lichtenberg, pour donner son avis sur les fruits, fourrages artificiels et autres plantes cultivées à Castel, d'après la nouvelle méthode de M. Dickès. Elle a déclaré que les végétaux, qui tous avaient été plantés dans du sable du Rhin, avaient une telle vigueur, un si grand développement et se présentaient en si grand nombre et avec une telle richesse, qu'on ne pouvait en obtenir de pareils sur le *meilleur terrain fumé.* »

Pour terminer cette série de citations, nous allons joindre ici un tableau officiel et positif. La raison a déjà parlé; laissons parler le chiffre.

Voici les faits de production tirés de nos documents justificatifs :

— 1829-1830. — AUTRICHE (Vienne-Hollembourg). *Céréales légumineuses, maïs, chanvre, luzerne, etc.* La végétation fut tellement remarquable qu'on n'en put trouver d'égale sur les terres les plus riches.

— 1834. — HOLLANDE (Amsterdam). *Froment, orge, seigle, sarrasin, lin, maïs, tabac, pommes de terre, ray-gras, etc.*, en sable des Dunes. Ces plantes ont présenté jusqu'à la fin la végétation la plus magnifique, malgré une sécheresse excessive. Les céréales avaient jusqu'à 25 à 30 tiges, les pommes de terre 20 à 25 tubercules par pied.

— 1841-1845. — ALLEMAGNE (Mayence, etc.). *Froment, fourrages* en sable du Rhin, récoltes supérieures à celles des sols les mieux fumés ; *orge, avoine, maïs, pommes de terre* en sable mouvant, cultures égales à celles des meilleures terres ; *froment* 16 hectolitres, *seigle* 20 hect. 1|2 sur un sable aride qui s'était jusqu'alors refusé à toute production ; enfin dans une expérience publique (sous les yeux du consul de France à Hernsheim et Hochneim) l'*orge* rendit 36 hectolitres, et le *colza* 48 hectolitres à l'hectare.

— 1843. — BELGIQUE (Grez-d'Oiceau). *Froment, seigle, avoine, lin, chanvre*, dans le sable ou dans une terre de bruyère aride, les produits furent supérieurs à ceux des terres de première classe ; *orge* dans un sol très-maigre, 60 p. 1.

— 1845-1847. — ANGLETERRE (Propriétés de lord Mornington, etc.). *Lin, pommes de terre, navets, sarrasin, colza, orge, luzerne, ray-gras, etc.*, en très-mauvais sol. Récoltes évaluées de 50 à 80 p. 100 au-dessus de celles des meilleures terres.

— 1850. — PIÉMONT (Turin). *Maïs*, 750 p. 1 ; *chanvre*, 38 litres de semence ont produit 450 kilos de filasse et 56 kilos de graines.

1848. — **France.** — 1850.

Nord. . . *froment* 34 hectol. p. 1	}	Dans des sols très-ordinaires, les produits étaient de qualité supérieure.
Lot-et-Garonne » 30 » »		
Provence. . . » 30 » »		
Provence. *avoine* 30 à 45 »		— —
Sarthe . . . »	{	Récoltes doubles de celle des mêmes terres fumées.
Saône-et-Loire »		
Seine. . . . *maïs*.	{	1,200 à 1,500 p. 1 sur des sols très-maigres.
Seine-Infér. . »		
Deux-Sèvres. . *pommes de terre*	{	Récoltes doubles de celles des terres les plus riches et les plus fumées. Pas de maladie.
Lot-et-Garonne. . . . . » . .		
Creuse. . . . . » . .		
Nord. . . . . *prairies naturel-*	{	Récoltes du 1/3 à la 1/2 plus forte que celles des prés qui avaient reçu des engrais.
Saône-et-Loire *les et*		
Midi . . . . . *artificielles.*		
Sarthe. . . . *sarrasin* . . .		150 p. 1.
Aube. . . . . . . » .		Sur une terre calcaire stérile, récolte fabuleuse.

Seine-et-Oise, Calvados, Aisne, Marne et plusieurs autres départements,— résultats semblables.

De tels documents, émanés de tant de sources diverses et toutes si respectables, ne doivent plus laisser aucun doute. Les résultats que notre invention aura pour l'agriculture sont, chacun le comprend, si considérables, que l'imagination a peine à s'en représenter toute l'étendue.

Si nous considérons notre France seulement, quel bienfait notre système n'y produira-t-il pas! D'une part, les terres en culture donneront des récoltes plus abondantes; d'autre part, les terres jusque-là stériles et improductives, telles que sables, dunes, landes, etc., pourront immédiatement, et presque sans frais, être mises en culture, et récompenseront richement le laboureur de ses peines. Et comme l'étendue des terres actuellement encore non cultivées en France est immense, les produits qu'elles pourront désormais fournir en plus à la consommation sont réellement incalculables. Le paupérisme et la misère seront écartés immédiatement et pour de longues années, et la population, qui commence à se sentir à l'étroit, pourra se développer sans avoir jamais à craindre de manquer de subsistances.

L'Algérie, elle aussi, cette colonie qui est aux portes de la France, sera fécondée immédiatement; avec des capitaux comparativement médiocres, le problème de la colonisation sera bien près d'être résolu, et cette terre si longtemps arrosée, sans compensation, du plus précieux de notre sang, nous paiera enfin, avec usure, de nos longs sacrifices.

Si de la France nous reportons nos regards sur le reste de l'Europe, nous verrons que notre invention n'y produira pas moins de bien. Tous les pays ont une grande étendue de terres incultes et stériles, toutes pourront produire de riches et abondantes récoltes. L'Europe, se trouvant de fait agrandie de près d'un tiers, ne repoussera plus de son sein ses enfants trop pressés; à tous, même aux plus pauvres, elle tendra ses mamelles rajeunies, et tous y puiseront l'abondance et le bien-être.

Les hommes simples et loyaux croiront, au premier abord, que de tels résultats, visibles aux yeux des moins clairvoyants, et qui, si bienfaisants pour la classe pauvre et souffrante, ne peuvent porter aucun préjudice aux classes riches, auraient dû conjurer toutes les oppositions. Il n'en a pourtant pas été ainsi : les amours-propres scientifiques sont si chatouilleux, et les intérêts sont si âpres et si tenaces!

Trois hommes se sont rencontrés, trois illustrations de la science, trois oracles officiels de la chimie agricole, trois professeurs diplômés, quelque peu patentés aussi, qui ont pris à cœur d'examiner notre invention, de la soumettre à leurs doctes investigations, à leurs savantes analyses. Ces hommes, que nous ne nommerons point, mais que nous désignerons par trois lettres, **X, Y, Z** (ces dénominations ne pourront paraître que flatteuses à d'aussi scientifiques personnages), s'attaquant d'abord à notre système en général, et *à priori* nous *tenaient à peu près ce langage :*

— « Vous dites que votre procédé, que l'emploi de votre poudre, produisent, sans aucun engrais, des plantes plus belles que notre guano, que notre poudrette, que le noir animalisé? Cela ne se peut, cela ne s'est jamais vu ! »

— « Mais les faits sont évidents, irréfragables, attestés de la manière la plus formelle par des témoins éclairés, loyaux, désintéressés; mais un grand nombre de sociétés agricoles, composées toutes des agriculteurs les plus entendus, dans un pays où l'agriculture est très-perfectionnée, ont soumis les faits en question à des expertises nombreuses, répétées, et ces sociétés affirment, de la manière la plus authentique, les résultats par nous indiqués. Êtes-vous si sûrs de votre science, messieurs les savants, qu'en son nom vous osiez donner le démenti, non pas à un fait, chose si considérable pourtant, mais à des centaines de faits semblables! »

— « *Tarte à la crème!* Vous affirmez que votre poudre donne à la semence par vous préparée la faculté de puiser toute sa nourriture dans l'air atmosphérique; que, par conséquent, vous pourrez faire venir de belles récoltes sur un terrain aride! Mais cela est contraire à tous les principes de notre science, cela est absurde, cela est ridicule, c'est du charlatanisme pur. A qui ferez-vous croire que cela est possible? Nous ne *démarrons* pas de notre axiome : Sans engrais, sans poudrette, sans noir animalisé, pas de céréales, pas de pommes de terre, pas de fruits, pas même un brin d'osier ! »

— « Pourtant, *doctissimi professores*, ceci est positif, non pas une fois, non pas en un lieu, mais pendant plusieurs années et en diverses contrées (les documents en font foi), nous avons fait venir sur du sable ou sur un sol maigre et non fumé, les plus belles récoltes de froment, d'orge, de pommes de terre, de fourrages artificiels! Et puis, messieurs les savants, vous qui niez avec tant d'assurance la possibilité, pour une plante, de puiser sa nourriture dans l'air, pourriez-vous nous dire par quelle voie se sont nourris et l'arbre qui s'élève sur un rocher aride, et les plantes qui se trouvent sur la pierre ou sur une muraille, suspendues en l'air et sans aucun contact avec le sol? Dites-nous donc, éminents chimistes, si c'est par la racine que ces végétaux ont puisé leur *nourriture*, ou si ce n'est pas plutôt dans l'air atmosphérique, dont ils se sont assimilé par attraction la substance alimentaire? »

— « De notre science certaine, « et par droit de *diplôme* et par « droit de patente, » nous prononçons que cela est impossible. Nos formules et nos alambics ne nous ont jamais révélé rien de pareil. Donc, cela n'est pas! »

Mais nos savants voulaient achever de nous accabler, nous qu'ils avaient déjà courbé sous le poids des arguments triomphants mentionnés plus haut. Quittant donc les considérations générales, ils résolurent d'analyser notre poudre, afin de convaincre les plus incrédules que, quoique cette poudre produisit, au su de tous, les effets prodigieux que nous lui attribuions, elle ne devait pas le faire scientifiquement.

C'est ici que le rôle de messieurs **X**, **Y** et **Z** devient réellement merveilleux. Quand il s'agit de se rendre ridicule, on peut s'en rapporter aux savants, ils s'acquittent de main de maître de cette grande tâche.

M. **X**, une sommité du monde chimique et agricole, oracle du noir animalisé, sybille de la poudrette, soumit d'abord notre pauvre poudre à ses cornues, à ses alambics : il y trouva, lui, 66 0/0 de charbon.

Bien, monsieur **X**!

Passons à un autre.

M. **Y**, au contraire, y rencontre 67 0/0 de plâtre.

Très-bien, monsieur **Y**!

Quant à M. **Z**, il y découvrit 80 0/0 de craie.

Encore mieux, monsieur **Z**!

Nos trois augures, après une aussi forte épreuve de leur haute sagesse, s'ils s'étaient rencontrés, n'auraient pas eu envie de rire. Mais voyez, notre poudre qui s'élève triomphante et narquoise du milieu de leurs alambics, toute heureuse (le malin gnome!) d'avoir mystifié les trois savants personnages et défié leurs efforts assemblés.

Car enfin, messieurs les chimistes, mettez-vous un peu d'accord. Le charbon n'est pas de la craie! La craie n'est pas du charbon! L'un et l'autre ne sont pas du plâtre.

L'un est noir, les autres sont blancs; les principes constitutifs de l'un ne sont pas les principes constitutifs de l'autre. (Il est vrai ment déplorable d'être obligé de répéter sous toutes les formes, pour le mieux faire entendre, des vérités aussi usuelles et aussi *aveuglantes.)*

Nous en sommes bien fâchés pour la science, mais jamais elle ne commit plus grasse bévue; car notre poudre ne contient pas un atôme de craie ni de plâtre, comme on dit vulgairement : Nos trois chimistes n'y ont vu que du feu, et le moindre garçon de pharmacie eût fait mieux qu'eux.

Mais, dira-t-on, quel besoin ces messieurs avaient-ils d'analyser notre poudre, et surtout d'y découvrir des substances qui n'y sont absolument pas?

Deux choses feront comprendre l'opposition que ces messieurs ont faites à l'application de notre invention en France : l'amour-propre blessé du savant et l'intérêt du fabricant d'engrais.

Quoi! nous, ni professeur, ni membre de l'Institut, nous osions poser un nouveau système de culture; nous osions prendre la liberté grande de substituer à ces engrais tant préconisés, au noir animal, au guano, à la poudrette, une substance chimique infiniment moins coûteuse et d'une efficacité incroyablement plus grande que leurs engrais les plus prônés !

Ces messieurs durent trouver étrange, outrecuidante, une si singulière prétention. Nous heurtions cette irritabilité du savant, qui n'est pas moins grande que celle des poëtes. Nous n'étions pas de la caste, et nous osions inventer un produit chimique d'une énorme importance ! Donc, nous avions tort. « Nul n'aura de l'esprit que nous et nos amis ! »

Et puis, l'appât du gain : deux de ces messieurs, au moins, étaient intéressés, et ils le sont peut-être encore aujourd'hui, dans des exploitations d'engrais. L'adoption de notre système était un bienfait pour la France et pour l'humanité entière, mais il lésait les intérêts de ces messieurs. On comprend qu'ils ne fussent pas très-enthousiastes de l'invention, et que, voulant sauver la vente du noir et de la poudrette, et de tous leurs autres engrais, ils durent se dire :

« Abimons tout plutôt, c'est l'esprit de la *science!* »

Oui, de la science vaniteuse, intéressée, cupide, mais non de la science loyale et généreuse.

Tout le mystère de l'opposition de nos adversaires gît donc dans la crainte d'être anéantis par le succès de notre système. En effet, si nous arrivons à produire, avec économie de moitié de la semence, double et triple récolte, aux simples frais de 20 francs par hectare; si, de la sorte, nous dépassons en résultat toute autre fumure, à quoi pourra servir leur précieuse poudrette ou tout autre engrais qui demanderait 100 à 500 francs de frais par hectare! Ils appelleront cela paradoxe, hyperbole, charlatanisme, c'est ainsi qu'ils nomment la vérité!

Et derechef, si 4 kilog. 1/2 de notre modeste poudre produisent un effet supérieur à 30 ou 40,000 kilog. d'engrais, ou à 400 kilog. d'azote ou de phosphate pour une récolte ordinaire de froment, ces messieurs seront surpris, confondus; ils crieront, voyant leur théorie renversée, que des faits incontestables sont faux. — Laissons-les crier!

Ainsi, après l'analyse de toutes les objections de ces messieurs, que reste-t-il au fond du creuset? — 80 parties de malveillance, 67 d'ignorance et 66 de légèreté. Ne voyons-nous pas M. Z s'appuyer sur M. Y, avec lequel il demeure en flagrante contradiction, — puisque le premier a trouvé 80 0/0 de craie où l'autre a découvert *positivement* 67 0/0 de plâtre!

Et n'avons-nous pas obtenu, au moment même où ils accomplissaient leurs précieuses découvertes *de ce qui n'est pas*, des résultats clairs et constatés à Aix en Provence, à Dormans en Champagne, en Normandie et dans d'autres pays! N'avons-nous pas vu sortir de nos expériences 40, 50, 80, 100 et jusqu'à 140 épis sur un seul pied. Ces épis n'étaient-ils pas, en outre, plus longs et mieux nourris que les épis sortant de leurs engrais et de leurs fumures!

En terminant, nous répéterons ce que nous avons déjà écrit, et sur quoi nous ne saurions trop insister. On nous a dit : Si votre invention est, d'une part, authentiquement, incontestablement prouvée, et, d'autre part, fructueuse dans ses résultats, essentielle dans son principe, comment se fait-il que les savants l'ont repoussée et condamnée, et qu'au lieu de surgir triomphante et reconnue de tous, elle lutte encore, à cette heure, sinon contre l'opinion publique, du moins contre des arrêts de la science!

A cette objection, nous répondrons une seconde fois :

Messieurs les doctes ont condamné notre invention parce qu'elle compromettait leurs intérêts personnels, qu'elle allait entraver leurs affaires, qu'elle engageait l'agriculture dans une voie nouvelle; en un mot, puisqu'il faut parler franc, MM. X, Y et Z étaient des fabricants d'engrais. Quoi d'extraordinaire qu'ils aient crié de toutes leurs forces : Anathème! à un système qui rend l'engrais inutile, *vae!* à une idée qui détruit toute nécessité de fumer la terre par la poudrette, le noir animalisé ou tout autre moyen du même genre!

Résumons cette discussion :

Les objections de ces messieurs, fondées sur la négation de faits incontestables, sur une analyse chimique de notre poudre, à laquelle leur désaccord n'a laissé que la honte et le ridicule, ces objections, disons-nous, paraîtront à tous sans valeur. Les faits subsistent. Aujourd'hui, nous faisons appel au bon sens de la France; nous nous adressons à ce sens pratique qui en fit toujours le peuple le moins routinier, le plus accessible aux idées nouvelles, de l'Europe entière; nous invoquons sa noble et éternelle activité; nous demandons nettement l'adoption et la mise en pratique d'un système qui doit, nous en sommes convaincu, et nous le dirons sans fausse modestie, doter la France, l'Europe, le monde, de biens incalculables, d'une civilisation universelle!

1

Nous soussignés certifions avoir vu au jardin impérial, *an der Burg*, les semailles faites par M. Bickès, et consistant en blé, orge et maïs, et que le 24 juin ces végétaux se sont trouvés dans l'état suivant :

1° Le froment était en floraison et la semence préparée avait des épis plus grands et des grains en plus grand nombre que ceux des semences non préparées.

2° La semence préparée portait même quatre colonnes à chaque épis, et plus du double du nombre de grains; tandis que les épis de l'orge non préparée n'avaient que deux rayons et moins de grains dans chaque rayon.

3° Les plantes du maïs préparé étaient démesurément plus longues et plus épaisses que celles qui n'ont pas été préparées.

Vienne, le 24 juin 1839.

Signé : STEININGER, ZITTEL, SCHISKA.

2

Le soussigné affirme, par le présent, à M. Bickès qu'ayant examiné les grains et les autres plantes ci-après désignés, préparés par lui dans la semence, et les ayant comparés avec ceux semés à côté dans la même pièce, mais sans préparation, il (le soussigné) a trouvé le tout dans l'état qui suit :

Les plantes provenant de semence préparée présentaient une végétation infiniment plus énergique, un vert plus foncé, des tiges plus grosses, des feuilles plus belles et plus fraîches que celles de semence sans préparation ; les grains en étaient considérablement plus gros ; avec cela la péricarpe de la balle plus mince, et par conséquent les grains plus farineux :en particulier.

1° Le chanvre était plus haut et les jetons latéraux plus fournis de semences ;

2° Le blé de Turquie avait plus d'épis ;

3° Le blé sarrasin avait plus de trois pieds de haut et était rempli de grains ;

4° Le froment, le seigle, l'orge et l'avoine avaient des tuyaux plus gros et en plus grand nombre, des épis plus grands et mieux fournis en grains ;

5° La luzerne était sans comparaison plus belle et mieux garnie en jets, avec des racines deux à trois fois plus vigoureuses.

Comme cette invention, utile au plus haut degré, peut être mise en pratique sans l'emploi de l'engrais, et même dans les champs les plus maigres, et sans entretien de bétail, ce qui le plus souvent devient impossible par le manque de fourrage ; que la préparation est fort peu coûteuse et fait épargner une partie de la semence des graminées, l'utilité en est inculculable sous beaucoup de rapport pour l'économie rurale. Le procédé est applicable à toutes les plantes et leur communique une végétation étonnante et une plénitude qui conduira à de nouveaux phénomènes dans le monde végétal. Ces apparitions se sont déjà réalisées en partie, puisque les épilets d'orge à deux rayons ont été transformés en épis à quatre rayons, et même en un nombre de grains à chaque rayon qui ne s'est point encore présenté dans la nature.

Les disques de l'héliotrope avaient plus du double du diamètre, les chouxraves, les têtes plus grosses ; les choux-fleurs, les fleurs plus fournies ; les balsamines et les concombres étaient beaucoup plus riches et présentaient des fruits abondants, tandis que ceux dont la semence n'avait pas subi la préparation, n'offraient que quelques fruits rabougris de quelques pouces qui tombaient en pourriture.

Par la continuation de quelques années de cette amélioration, tout le règne végétal sera régénéré, puisque les essais faits très-tardivement cette année ont produit une grande augmentation de vigueur dans les plantes.

Cette invention surpasse ce qui a été connu jusqu'à ce jour, à un tel degré, qu'elle laisse derrière elle toutes les améliorations agronomiques, jusqu'aux substitutions d'engrais et les engrais mêmes.

Fait à Vienne, le 9 octobre 1829.

Signé : Jean-Nép. REITHOFER ;

WOLFGANG MAYER,

Officier taxateur, témoin ;

B. SKRIWANEK,

taxateur adjoint, témoin requis.

(L. S.)

Le magistrat soussigné et ci-après qualifié de la ville impériale et royale de Vienne, capitale de l'empire d'Autriche et résidence de S. M. l'empereur, atteste que Jean-Nép. Reithofer a signé en personne la déclaration ci-des-dessus, et que par leurs signatures les témoins ont confirmé l'identité de sa personne.

En foi de quoi, nous avons signé et fait apposer le sceau de notre juri-diction.

Fait à Vienne, le 11 janvier 1830.

Signé : Jean-Bapt. Rippelly,
Vice-Bourguemestre;
M. Ruhn, Conseiller;
Jos.-Nép. Hirsch, Secrétaire.

(L. S.)

3

Nous soussignés certifions que sur la demande de M. Bickès, nous nous sommes transportés sur les terres siliceuses, maigres et non fumées, ense-mencées et plantées selon son invention, et que, examen fait des récoltes sur pied, nous avons trouvé le tout dans la situation suivante :

Sur le champ de M. Deisler nous avons vu des blés de mars, du seigle, de l'orge et du lin préparés et d'autres non préparés, mais de la même espèce.

Le blé préparé a poussé 10 ou 15 tiges d'un seul grain, les nouveaux grains plus gros et plus nombreux, et dans la même glume un troisième entre les deux autres, lequel manque totalement au froment non préparé. Les épis de seigle renfermaient jusqu'à 14 grains dans un rayon, tous plus complets qu'à l'ordinaire. L'orge à deux rayons avait 8, 10 et 15 brins par souche, celle de 6 rayons, 12 grains, et celle de deux, 14 grains par rayon. En général tout est plus grand, plus riche que dans les meilleurs champs de notre finage.

Le lin préparé est d'une pesanteur double dans les tiges et les capsules, et celles-ci sont du double en nombre; et là où l'autre commence déjà à jau-nir, celui qui a reçu la préparation est encore d'un vert très-foncé.

Les pommes de terre surtout surpassent tout ce que l'on a jamais vu dans les cantons les plus riches. Une seule pomme de terre a poussé jusqu'à 10 tiges et plus, plusieurs des souches en avaient jusqu'à 15 et 17, tandis que dans les meilleurs champs non préparés on n'en voit, l'un portant l'autre, que le tiers de ces nombres.

En aucun lieu, même dans les jardins, on ne trouve de l'herbe, du trè-fle, des haricots, des betteraves, des choux blancs, des choux frisés, des choux raves, des tournesols, des raves, etc., qui présentent une abondance, un luxe comme les plantes dont nous parlons.

Dans les champs de M. Dichler, les semences étaient de 6 Gescheld (en-viron 12 litres) par arpent, portant le quart de la quantité ordinaire, pour le blé de mars et le seigle.

Le seigle provenu de la semence préparée formait un véritable contraste avec le non préparé à côté. Il était de beaucoup plus élevé et portait des grains plus gros et en plus grand nombre dans les épis.

Le froment était plus beau que celui de toutes les autres pièces. Il se distinguait par son abondance de celui des champs de première qualité et bien fumés. Plusieurs souches avaient 8 à 9 tuyaux avec un troisième grain dans la balle.

Le terrain où se trouve ce blé est une terre glaise bleuâtre qui d'ordinaire ne produit rien.

A côté de son orge, M. Pfalz fit fumer un arpent de cette même céréale, mais il s'en faut beaucoup qu'elle présente une moisson aussi complète que celle dont la semence a été préparée ; celle-ci porte des grains plus fournis et en plus grand nombre, des tuyaux plus épais et aussi plus nombreux que ceux des autres pièces contenant même des grains d'hiver. Le trèfle préparé et semé avec l'orge est d'une beauté particulière.

Offenbach, le 12 août 1830.

Signé : Pierre Deisler.

(L. S.)　　　　　　　　　　　　Ph.-J. Diehler.

Frédéric Pfalz.

Pour légalisation des signatures.

Signé : Schwaner, bourguemestre.

4

A la prière de M. Bickès, les soussignés, jurés du tribunal rural, accompagnés de MM. Pfalz, Diehler et Deisler, propriétaires de biens ruraux, qui avaient fait préparer leurs semences par M. Bickès, se sont rendus sur les lieux, à l'effet de procéder à l'examen des récoltes sur pied, et où ces derniers leur ont donné l'assurance que depuis plusieurs années les champs à visiter n'avaient reçu aucune amélioration. Ils (les soussignés) attestent ce qui suit, conformément à la vérité :

Les moissons, dont les semences ont été préparées, notamment celles de M. Deisler, consistant en blé, seigle, orge et lin, se sont trouvées d'une beauté frappante en comparaison de ceux dont les semences n'ont pas reçu de préparation ; les pommes de terre et plusieurs articles de jardinage ont été beaucoup plus frais et plus abondants ; les céréales avaient plus de brins et les épis étaient plus remplis. Chez M. Pfalz, l'orge était en fort meilleur état que dans la pièce contigue ; et chez M. Diehler, le blé avait plus de tuyaux que partout ailleurs.

Quant au seigle, il a été inondé pendant presque tout l'été, de sorte que l'ensemble n'a pu être jugé, mais quelques endroits qui ont moins souffert que le reste, ont présenté une différence frappante à l'avantage de la semence préparée, et si ce grain avait été favorisé par la température, la différence aurait été plus grande encore.

Les pommes de terre de M. Deisler méritent une mention particulière. Le nombre des jets poussés d'une seule de ces tubercules était au-dessus de tout ce qu'on a jamais vu, même dans les champs les plus favorisés par la nature ou par la culture.

3

Les pièces visitées se composent d'un sol siliceux, maigre et pierreux, et sont comprises au nombre des plus mauvaises de notre finage.

Offenbach, le 12 août 1830.

Signé : George NAGEL I.

Jérémie GEISSELBRECHT.

Pour légalisation des signatures de MM. Nagel et Geisselbrecht, juges ruraux.

Offenbach, le 26 août 1830.

(L. S.) *Signé :* SCHWANER, bourguemestre.

5

Les soussignés ont été invités à examiner les plantes cultivés au jardin du comte, selon l'invention de M Bickès, et y procédant aussitôt en présence de M. Seel, jardinier comtal, ils ont vu ce qui suit :

1º Plusieurs tournesols de 10 à 11 pieds de haut, dont les tiges, mesurés près de terre, avaient 8 1/2 à 9 pouces de contour. Il y en avait 2 à 3 dans un espace très-resserré. Les mêmes tiges consistaient en un bois solide qui peut être assimilé sous le rapport du phlogiston aux pins de 8 à 10 ans. Les péricarpes, comme les grains, se distinguaient par leur plénitude et leur grosseur.

2º Dix à douze plantes de pommes de terre, de la grosse espèce jaune, appelées ici *Marburger*, avaient, l'un portant l'autre, plus de trente forts tubercules, avec de grosses tiges de 7 pieds de long.

3º Le maïs était planté, partie isolément et partie en lignes. De ce dernier, la première et la deuxième plante portaient, chacune, neuf épis; la troisième, huit; les trois suivantes, chacune, 4 ; la septième, 6 ; la huitième et la neuvième, chacune, 5 ; la dixième et la onzieme, chacune, 4 ; la douzième, 8 ; la treizième et la quatorzième n'en avaient que deux chacune; mais elles étaient plantées sous un arbre.

Ces plantes étaient en partie assez mal cultivées, étant partout entourées de mauvaises herbes fort élevées. Ce que nous attestons conformément à la vérité.

Büdingen, le 12 septembre 1831.

Signé : EBERLING, bourguemestre.

Charles LEHNING, conseiller municipal.

J. HANNER, conseiller municipal.

Henri SEEL, jardinier du comte.

Jean STEIN, officier rural assermenté.

Dr. G. TUDICHUM, directeur du gymnase.

BERNARD, assesseur camérier et membre de la société agricole du Grand-Duché de Hesse.

C. LEHR, bourguemestre à Rohrbach et membre de la même société.

Jean SCHNEIDER, cultivateur.

PUCKEL, intendant des finances.

Pour légalisation des signatures des messieurs ci-dessus nommés et qua-
lifiés, et pour attestation de la vérité de leur déclaration, de laquelle vérité
je me suis convaincu par moi-même.

Büdingen, le 16 septembre 1831.

(L. S.)   *Signé :* HOFMANN, sous-préfet (Landrath) dans le Grand-
Duché de Hesse et du comté d'Isenbourg.

6

Extrait de deux lettres de M. Reithofer, cité plus haut, que, dans ses
écrits économiques, le conseiller de cour, André, qualifie *de
cultivateur le plus intelligent de la Moravie.*

Vienne, le 18 juilllet 1830.

J'ai vu le seigle provenant de votre semence préparée (deux jocharts de
terrain sablonneux et pierreux à Hollenburg, près de Saint-Polten), et l'ai
trouvé dans un état si prospère, que j'ai demandé une commission d'office
de l'endroit afin de le visiter et d'en constater l'état, en tant que la chose
pouvait se faire et que la récolte était encore sur pied. La déclaration de
ces experts porte ce qui suit :

« Que le seigle venant de votre semence préparée est non-seulement plus
élevé et porte des épis plus forts avec des grains mieux fournis que
celui d'à côté et venant de semence non préparée, encore qu'il ait été
semé sur un terrain de pareille valeur, mais aussi plus grand et plus
riche que celui du reste du finage. »

Vienne, le 26 octobre 1830.

Les résultats étaient, ainsi que je l'ai vu moi-même, presque incroyables, et tels que, de près et de loin, les admirateurs accoururent en foule.
Il y en eut même de Vienne et des principaux intéressés de la société agricole de cette ville.

7

Amsterdam'sche Courant en Allgemeen Handelsblad du
30 octobre 1834.

SCIENCE PHYSIQUE. — (*Article traduit du Hollandais.*)

Nos feuilles n'ont pas encore fait mention d'un phénomène vraiment
admirable et d'une égale importance tant pour l'observateur de la nature
et de l'histoire que d'un prix incalculable pour l'agriculture.

Il s'agit de plusieurs plantes cultivées sans engrais, dans un carreau
formé de sable des dunes, à une hauteur de 6 à 8 pouces au-dessus du ni-
veau du sol.

Indépendamment de ces circonstances, ces végétaux furent semés et plantés pendant les chaleurs extraordinaires de cette année. Ce fut notamment le 3 juin qu'on planta de l'orge d'été, du froment, du seigle, du blé sarrasin, du lin, du maïs, du tabac et diverses espèces de salade; et, vers la fin du mois, des pommes de terre par boutures, et, plus tard encore, du ray-gras, du trèfle blanc et rouge, de la luzerne et de l'esparsette. Une autre couche de sable des dunes portait des pommes de terre dites *zélandaises*, de 20, 24 et 28 fortes tiges de trois pieds de haut.

Ces plantes se trouvaient dans l'état qui suit : le blé et le seigle, bien que tellement serrés que les premières feuilles en étaient étouffées, avaient 50, 60 et jusqu'à 80 branches provenant d'un seul grain. Elles n'étaient pas montées en tuyaux, parce qu'un ouvrier les avaient arrachées par mégarde.

Un grain d'orge, qui s'y trouvait par hasard, avait produit huit fort épis. Cette plante ayant été dégagée de son entourage gênant, a poussé plus de trente jeunes branches et a été transformée en orge d'automne.

L'autre orge a eu des épis dans la même proportion, et étant arrivée à maturité, elle fut récoltée et avait poussé force jeune orge toute verte.

Le blé sarrasin avait 4 1/2 à cinq pieds de haut; le lin 4 à 5 tiges d'une seule graine, et ayant été délivré des plantes d'alentours, il poussa de nouvelles branches et de nouvelles fleurs. Le maïs, d'une hauteur de 9 à 10 pieds, a 4 à 5 tiges et 4 à 5 épis pour chaque grain. Les pommes de terre provenant de la plantation de boutures ont trois pieds de haut. Le ray-gras poussait tous les jours à une température de 24 degrés de chaleur atmosphérique et 32 de chaleur terrestre, sans qu'aucune de ces tendres plantes ait été le moins du monde fanée, même à la plus grande chaleur du jour. Elles ont actuellement une telle élévation que l'on ne peut plus en compter les branches. — Le trèfle blanc, naturellement si petit, est égal au rouge en feuilles et en hauteur. La longueur de la luzerne rouge est de trois pieds. La salade est plus luxuriante que celle des jardins. — De deux plantes de tabac, étaient nées, à la première floraison, 541 péricarpes, et l'on en a ôté jusqu'à ce moment plus de 200 feuilles, tant grandes que petites. Lorsque celles-ci furent coupées, les plantes se couvrirent de plus de branches et de fleurs qu'auparavant, et elles produisaient à la seconde floraison 742 péricarpes plus fournis que les premiers. — La troisième floraison est maintenant en boutons, et les plantes sont en pleine vigueur. (Les 1,283 péricarpes en provenant donneront deux hectogrammes de semence ou environ 7 onces.)

Aucun terrain ni aucun climat n'offrent une force productive telle qu'on la voit ici dans le fameux sable des dunes. La semence seule avait été préparée; mais on peut aussi soumettre les plantes à la même préparation.

Cet *aimant* peut être appliqué à tout le règne végétal, c'est-à-dire depuis la moindre plante jusqu'aux vignes et aux arbres. La préparation de la semence se fait avec célérité, occasionne peu de peine, et ne coûte presque rien, par le motif que l'on épargne plus par la semence pour les principaux articles de nourriture que les frais ne coûtent. — Pour les autres, les dépenses sont insignifiantes.

C'est l'invention d'un Allemand, qui, dans plusieurs pays, a fait, depuis

6 ans, de nombreuses preuves, et dont le procédé offre plus de garantie que toutes les améliorations ordinaires du terrain.

Par ce moyen, les déserts sablonneux les plus arides peuvent être transformés en jardins d'abondance.

Qui peut prédire les changements qui pourront résulter de ce nouveau système de culture pour la société humaine ! Toutes les ressources de bien-être et de contentement y sont renfermées, et une des occupations les plus vénérées des anciens sera ennoblie par elle.

Les plantes dont il s'agit sont à voir dans le beau jardin si bien connu de M. Charles Sacker, qui a l'obligeance d'en permettre l'entrée à tous les naturalistes. Il est situé à la porte de Raamthor, à la Couronne impériale, et se distingue par un beau choix des plantes les plus rares.

8

Gazette de Mayence du 9 et 10 septembre 1839.

De la culture de la terre sans engrais.

« Nous avons reçu, il y a quelque temps, deux compositions à l'effet de les examiner et d'en disposer à notre gré. Elle sont d'un homme qui s'est occupé un grand nombre d'années de l'étude des propriétés des plantes. Ces deux articles, dont l'un traite de la culture de la terre sans engrais et dont l'autre répand des lumières sur la prospérité des peuples qui doit résulter de cette invention, ne sont pas à la vérité du domaine de la politique du jour ; mais nous pensons ne pas avoir besoin de justification pour consacrer quelques-unes de nos colonnes à un sujet si important sous tant de rapports. Quant à la chose même, ignorant entièrement la matière, nous ne nous permettrons pas, comme de juste, d'asseoir nous-mêmes un jugement ; mais nous invitons les connaisseurs à examiner cet intéressant sujet. Pour montrer à quel degré la chose est digne de l'examen que nous y appelons, nous avons extrait ce qui suit du premier des deux articles mentionnés :

« La culture de la terre rapporte, dans son état actuel, bien peu de bénéfice. Là où l'exploitation se fait par des gens de service, le rapport est bien mince, et lorsque le cultivateur s'y livre avec sa famille, il ne gagne ordinairement pas au delà de son entretien. Rarement il réussit à augmenter sa fortune, et si le cas arrive, ce n'est qu'à proximité des grandes villes ou des fortes rivières.

« Tous les pays se ressemblent en cela. — En Angleterre, l'agriculture souffre le plus et se débat presque toujours entre le gain et la perte. L'industrie de l'entretien du bétail offre encore quelque dédommagement. En aucun autre pays, le rapport des biens ruraux n'offre des valeurs aussi exactement calculées qu'en Angleterre ; par exemple, ce qui rapporte 1 se paie 40 ; ce qui produit 1/2 vaut 20 ; 1/4 de rapport vaut 10, etc. Quant à la terre non cultivée, on peut l'avoir gratuitement. La Hollande prodigue d'une manière fort imprudente, mais conforme au flegme de ses habitants, de vastes pâturages pour y abandonner quelques vaches à la nature. La partie du sol d'un meilleur rapport est presque entièrement couverte de bruyères. En Belgique, l'agriculture est portée à un degré digne d'admiration. En cela ce pays surpasse tous les autres de l'Europe.

« Tous les pays ont rencontré, dans tous les temps, des obstacles insurmontables à la création de l'engrais, et si le laboureur y a réussi, ce n'a été que par le moyen d'un nombreux bétail. Souvent il ne pouvait pas se le procurer du tout, ou il ne le pouvait qu'avec des frais dont il n'a pas été indemnisé. C'est pourquoi on ne pouvait nulle part entreprendre des améliorations essentielles pour la culture des terres, et c'est surtout dans les contrées sablonneuses que l'on trouve les terres tellement épuisées qu'elles reproduisent à peine la semence. Les landes à perte de vue des Pays-Bas, de l'Allemagne, de la France, de l'Angleterre, etc., n'offrent à l'œil qu'un triste aspect. Cependant des millions d'hommes pourraient y jouir d'une existence heureuse.

« L'Allemagne n'est nullement trop peuplée, et les émigrants se nourriraient plus facilement dans les contrés précitées qu'au delà de l'Atlantique. Jusqu'ici il y a eu, à la vérité, bien des inconvénients, qui cependant peuvent être écartés. La culture des plantes ordinaires absorbe souvent tout le produit par les frais qu'elle exige.

« On sait que les pommes de terre, le froment, le maïs rapportent plus que le seigle, l'orge et l'avoine, mais ils demandent aussi plus d'engrais. Partout les prés se paient le mieux, parce qu'ils ne sont pas fumés, ou ne le sont que très-peu, quoiqu'ils produisent la moitié de la quantité en trèfle, et que le bénéfice des betteraves soit encore plus grand. Il est encore connu qu'un jardin d'une étendue médiocre nourrit quelquefois une famille entière, tandis qu'un cultivateur n'a aucun superflu avec 20 jours de terre labourable.

« Ainsi beaucoup, sinon tout, dépend de l'espèce des plantes que l'on cultive.

« Jusqu'ici il n'a pas dépendu de la volonté du planteur, mais désormais il en sera le maître. Malheureusement cette puissance factice (l'engrais) a été plus coûteux, jusqu'à ce jour, que le produit ne valait. Encore n'était-il pas toujours possible de se le procurer, ou quelquefois la terre n'y était pas appropriée

« La découverte d'une matière propre à la préparation de la semence a aujourd'hui obvié à ce mal. Le moyen ne coûte presque rien ; personne n'est hors d'état de se le procurer, et pour les graminées il ne coûte rien, réellement rien, attendu que l'on épargne plus en semence que la préparation ne cause de frais ; et la matière n'y manquera jamais.

« Dans les champs sablonneux de peu de valeur, l'effet surpasse, le plus souvent, celui du meilleur terrain. Un grand nombre de plantes y sont plus robustes et plus volumineuses que la nature ne les produit ailleurs. Sur le cep de vigne l'effet est extraordinaire ; et sur les arbres et les fleurs, il est vraiment admirable et de longue durée.

« Un cerisier de Turquie d'environ 20 ans, qui portait tous les ans des fleurs, mais qui ne produisait jamais de fruits, en a produit tous les ans depuis que l'invention en question y a été appliquée. Ce qui prouve qu'elle fait son effet sur les arbres aussi bien que sur tous les autres végétaux. Un prunier sauvage, planté dans un sol siliceux et opéré selon l'invention, porte dans ce moment des fruits de la grosseur d'un petit abricot (1).

La plante préparée par l'inventeur attire l'humidité, et sur le sable volant germaient et croissaient abondamment le ray-gras, le trèfle, etc., semés au mois de juillet de l'année 1834, d'extrême chaleur, à une température de 25⁰ atmosphérique et 33° tellurique.

« Aucun terrain ni aucun climat, fut-il extrême, n'empêche l'effet du moyen ; de sorte que tout obstacle au défrichement ou à la culture des landes est levé.

« A l'avenir, et après la communication du secret, l'invention fera naître un tout autre système d'agriculture. Les bruyères arides pourront être transformées en guérets verdoyants, et la surface de la terre aura en beaucoup de pays un aspect plus riant.

« Dans les contrées montagneuses surtout, où aujourd'hui les hommes et les animaux sont accablés, dans les mauvais chemins de campagnes, à porter de lourdes charges au haut des rochers escarpés, un enfant portera sans peine ce qui assurera la crue des plantes de plusieurs arpents, et pour peu de florins on créera cette force merveilleuse.

« Examinons maintenant de plus près le rapport de quelques-unes des plantes utiles et généralement répandues.

« Celui (le rapport) des céréales est le moindre, et il ne relève le bien être que favorisé par des circonstances particulières, tandis que les plantes dites *commerciales* l'avancent rapidement.

« Il est sans contredit de l'intérêt du cultivateur de tirer de la terre le plus grand revenu possible, sans s'inquiéter du nom de la production, ni de la question de savoir où il prendra du grain. Si au lieu de 10 florins, il peut en gagner 100, il achètera dix fois autant de pain ; et s'il a de l'argent, les marchands de tous les pays le lui apporteront chez lui, comme on lui apporte aujourd'hui le café et le sucre.

« On ne prétend pas cependant que tous les champs soient exclusivement semés ou plantés de tabac, de lin, de maïs, de navets, de cannes à sucre, etc., car à la fin les consommateurs manqueraient ; mais on veut faire voir comment les hommes laborieux et raisonnables peuvent se faire un beau revenu sur un champ étroit, et parvenir en peu d'années à l'élargir.

« Le lin sera le coton européen. Cette matière est fort répandue, et dans les colonies, elle jouit d'une haute considération. Grâce aux machines, le prix en est tellement monté, qu'en Belgique on en a payé, il y a quelques années, l'arpent de lin sur pied, au prix de 300 florins. Le lin belge est, à dire vrai, cultivé avec beaucoup de soin, mais il suffit d'en faire autant ailleurs pour produire le même effet.

« Après l'expérience acquise on peut cultiver le tabac avec son parfum particulier qu'il doit à son origine. La consommation en est répandue sur tout le globe, et la culture en est dès lors fort avantageuse. On évalue, terme moyen, le produit d'un arpent à 8-10 quintaux, ce qui fait une somme de 200 à 250 florins à raison de 25 florins le cent pesant.

« Mais avec de l'assiduité on peut aussi atteindre au double et au qua-

____

(1) Ce dont nous nous sommes convaincus de nos propres yeux.

druple de ce produit. Une espèce qui réussit très-bien ici et qui est fort recherchée, est le tabac de la Havanne. Lorsque cette espèce est bien choisie, elle se paie en Hollande jusqu'à 150 florins le quintal. Cependant cette même espèce est cultivée dans les colonies d'une manière bien défectueuse. Elle est mêlée d'une quantité de feuilles petites ou endommagées, de sorte qu'il n'est nullement invraisemblable que ce tabac, soigné à la manière allemande, ne puisse être vendu au même prix, et que dès lors l'arpent ne rapporte que 12 à 1,500 florins, valeur qui correspond à 150 maldres (1) de froment et qui peut suffire à l'entretien de plusieurs familles,

« Mais surtout que l'on n'oublie pas les betteraves ; seulement il faut les traiter différemment. C'est une plante d'une grande importance, mais elle est capricieuse et réclame un traitement sérieux.

« Les pommes de terre méritent tout notre respect toutes les fois qu'on en prononce le nom. C'est le pain crû sur pied, car souvent elles ont sauvé des familles entières, et que chacun aime de quelque manière qu'elles soient préparées.

« Le maïs a de la peine à trouver introduction dans beaucoup de contrées. Comme grain, il rapporte plus que le froment. Les tiges en fournissent un bon fourrage et se contentent ordinairement d'un mauvais sable ; mais la préparation de la semence l'appropriera désormais à tous les terrains. Réduit en pain, il est plus propice à la santé de l'homme que les céréales ordinaires, ainsi que les observations réitérées l'ont prouvé dans le midi de la France. Pour la fabrication du sucre et du papier, cette plante est encore d'un grand rapport, et c'est dans ce sens qu'elle jouera un rôle important et sera plus généralement cultivée : elle est donc d'un haut intérêt et mérite la plus grande attention.

« La culture des tournesols est importante pour les pays qui manquent de bois, et a souvent été proposée dans les questions forestières. Favorisé par un bon terrain, le phlogistique peut être assimilé aux pins de l'âge de 10 ans ; la semence donne de l'huile fine, et la filasse peut servir à faire des cordes.

« Toutes les autres plantes, qui jusqu'ici n'ont prospéré que dans le meilleur sol, réussiront à l'avenir tout aussi bien et mieux dans le terrain le plus ingrat.

« On ne conseillera pas pour cela de dédaigner le fumier, puisqu'il rend la terre plus meuble, qu'il lie celle qui est molle par elle-même, et que l'effet est augmenté par l'action de deux forces. Seulement on sera plus libre dans l'usage qu'on en fera ; changer le sable en humus, c'est le moyen de diminuer bientôt et l'engrais et la préparation des semences.

« Sur le glacis du fort Montebello, près de Castel, on trouvera sur le terrain le plus stérile des maïs de trois à quatre tiges, avec 6 à 7 épis chacune. Que l'on y compare les trois plus petites pièces de pommes de terre (la grande n'en fait pas partie) avec les pièces voisines. L'orge fauchée depuis longtemps avait des épis d'une grandeur extraordinaire, et plusieurs épis d'une même souche. — Dans la maison numéro 150, à Castel, un prunier sauvage a porté des fruits de la grosseur d'un petit abricot. Le sol

(1) Le maldre de Mayence contient 1 hectolitre, plus environ 1/4.

du fort susdit est dur et pierreux, et n'a eu cette année qu'un seul labour au croc, et après avoir écarté le gazon, on a fait la semaille sur le sol rude et sauvage. Sa situation est plus exposée au soleil que les champs. Ce même sol n'a été semé qu'à la seconde quinzaine de mai, et la température sèche qui a suivi a dû en arrêter la germination. »

Telles sont les paroles de l'inventeur, qui, ainsi qu'il le déclare, publiera son invention en temps opportun. Si elle se réalise, ce sera certainement un immense bienfait. Ainsi que nous l'avons fait observer, nous ne sommes pas compétents pour en juger, mais nous avons pensé qu'il était de notre devoir d'accorder la publicité à ces lignes. Les expériences que l'auteur a faites en Hollande ont parfaitement réussi, ainsi que nous le voyons par le *Journal de Commerce d'Amsterdam*, du 30 octobre 1834, qu'il nous a communiqué. Nous nous bornons à l'insertion d'un extrait de l'article qui porte le titre : *Histoire naturelle*. — Après avoir formé des carreaux du sable ordinaire des dunes, tels qu'on les voit dans les jardins, il y sema, le 3 juin, la semence préparée, partant fort tard et à la grande chaleur. Ces semences consistaient en orge d'été, en froment, en seigle, en blé sarrasin, en lin, en maïs, etc., puis il planta du tabac et de la salade également préparés ; à la fin de juin, il mit en terre des pommes de terre et sema, le 3 juillet, du trèfle, de la luzerne et de l'esparcette. En octobre, les pommes de terre avaient poussé 20 à 28 tiges de trois pieds de haut. Le seigle avait 50, 60 jusqu'à 80 tiges produites d'un seul grain. Un grain d'orge, qui se trouvait par hasard parmi le seigle, avait produit 8 épis, et poussait outre cela encore plus de 30 jets, qui se changèrent en orge d'automne. Le sarrasin était, au commencement d'octobre, arrivé à une hauteur de 4 1/2 à 5 pieds ; le seigle se composait de 4 à 5 tiges venues d'un seul grain ; le maïs atteignait une hauteur de 9 à 10 pieds, se composait de 3 à 4 tiges avec 4 à 5 épis. La luzerne mesurait plus de 3 pieds. Deux plantes de tabac avaient produit 541 gousses, et au mois d'octobre on en avait déjà ôté plus de 200 feuilles, et malgré cela les plantes continuèrent de fleurir, et étaient, à la seconde floraison, garnis de 742 gousses (zaadspruiten). Arriva la troisième floraison, et les plantes étaient en pleine vigueur. Que l'on considère que tous ces résultats furent obtenus dans un sable de dunes. Toutes ces plantes se trouvaient à Amsterdam, au jardin de M. Sacker, près de la Couronne Impériale, devant la porte appelée Raampoort, et ont été visitées et admirées par un grand nombre de savants.

9

Les soussignés, gardes champêtres du finage de Castel, près de Mayence, certifient que dans l'étendue du territoire confié à leur garde, il n'y a pas de plus belles pommes de terre que celles de M. Bickès, et que notamment le soussigné Kramer a été chargé par lui d'en chercher de plus belles, s'il lui était possible.

Ces pommes de terres étaient plantées dans un champ qui n'avait pas été fumé depuis nombre d'années et avaient été plantées selon l'invention de M. Bickès. Ce que nous affirmons également.

Castel, le 16 novembre 1841.

Signé : Philippe KRAMER,
GOTHE,
MEIS.

Pour légalisation des signatures des gardes champêtres, Kramer, Gothe et Meis.

Castel, le 16 novembre 1841.

(L. S.) *Signé :* LOEHR, bourguemestre adjoint.

10

Nous soussignés certifions avoir examiné les plantes traitées selon l'invention de M. François Bickès, tant aux champs qu'au jardin, et consistant :

En avoine, orge, blé trémoin et blé d'hiver, maïs, pommes de terre, ray-gras fromental, trèfle blanc et rouge, luzerne, trèfle de Suède, lin, *madiasativa*, millet, chanvre, etc.

1° Un champ fortement mêlé de sable, que personne ne se serait avisé d'ensemencer de blé, et qui était tellement épuisé que M. Lorge, propriétaire, n'aurait pu continuer à l'exploiter sans l'amender de fumier.

M. Bickès l'avait loué de moi et y avait semé du blé, qui a si bien réussi, qu'il égalait et surpassait même celui des autres champs d'un bon terrain et étant fumés comme à l'ordinaire.

2° Quatre arpents au terroir Babenberghohl, dont la moitié était ensemencée d'avoine et le reste d'orge. L'une et l'autre céréale étaient beaucoup plus belles que celles des meilleurs champs des environs. Ce même champ était dans un tel état d'effritement, que le propriétaire l'a offert gratuitement à M. Bickès.

3° En aucun lieu on ne trouve le maïs dans un état aussi florissant, pas même dans les années favorisées ni dans les champs engraissés : chaque plante portait trois, quatre à cinq tiges, avec autant et plus d'épis à chaque tige. Cette pièce était d'un fond maigre et sablonneux, qui de mémoire d'homme n'avait reçu le moindre engrais.

4° Dans un enclos pauvre et pierreux, dont le sol est inférieur à celui des champs ordinaires, et qui, jusqu'ici, n'a été que pioché, tout y poussait avec une vigueur extraordinaire, telle que l'on ne la voit même pas dans les meilleurs années. Aussi M. Bickès a-t-il promis un écu de Prusse à chaque garde champêtre qui lui trouverait des plantes plus vigoureuses même dans les meilleurs terrains bien fumés.

Ce fut une chose digne de remarque que l'orge contenait jusqu'à 18 grains dans la colonne, que beaucoup de souches portaient 45 tuyaux, et que le blé de mars était si productif que la balle renfermait 4 et même 5 grains. Il n'était pas rare de voir des souches de pommes de terre avec 30 tiges. Le maïs avait généralement 4 à 5 tiges, plusieurs en avaient jusqu'à 6 ou 7, et chaque tige pareil nombre d'épis. Une des plantes portait 14 épis ; à une autre on comptait 6 épis à la principale tige. Les autres n'étaient pas assez développées.

Dans le même enclos se trouve une fosse de quatre pieds de profondeur, remplie de sable du Rhin, et plantée et semée de ceps, d'orge, de froment printannier, d'un pied de chanvre et d'une souche de pommes de terre. Le tout offrait à la vue une vigueur extrême, telle que la pareille ne se voit pas dans les meilleurs champs. Le chanvre avait 10 pieds de haut et croissait encore. Le blé avait quatre grains dans chaque balle, et une plante d'orge était composée de 26 tiges avec les épis de la même force.

Les résultats des années précédentes et ceux de la présente sont tels que nonobstant la sécheresse extraordinaire de cette année, ils ont levé chez les habitants de notre commune jusqu'au dernier doute sur l'efficacité de l'invention de M. Bickès, et ont mis en évidence qu'ici doit agir une puissance que jamais aucun engrais n'a produit dans les bonnes années combinées avec les meilleurs terrains.

Nous déclarons en même temps que le rapport supérieur saute si bien aux yeux, qu'il serait inutile de le mesurer au boisseau, puisque tous les champs de notre ban sont là pour servir de contre-épreuve.

C'est ce que nous attestons pour rendre hommage à la vérité, et en foi de quoi nous avons apposé nos signatures.

Castel, le 20 aût 1842.

Signé : LORGE.

B. BUSCH II.

Paul HOEFEL.

11

Les soussignés (secrétaire et membre de l'union rhénane des naturalistes et des médecins) ont visité, d'après le désir de M. Bickès, un grand nombre de plantes, qu'il a cultivées, avec la semence préparée d'après sa méthode, dans un mauvais terrain sablonneux et sans engrais, ce qui a été reconnu, par les parcelles de terre attachées aux plantes, et ils ne peuvent qu'exprimer leur étonnement de la croissance abondante et énergique, ainsi que de la quantité des grains qu'elles renfermaient. Ce sont surtout les céréales qui ont excité leur admiration, puisqu'ils en ont vu de 25 à 50 tuyaux d'une grande longueur provenant d'une seule racine, et avec des épis plus beaux que d'ordinaire et fournis de grains nombreux et complets. Ce qui a dû les surprendre d'autant plus que dans cette année de sécheresse les céréales n'ont que peu réussi ou ont réellement manqué.

Mayence, le 27 septembre 1842.

Signé : F. L. SCHLIPPE.

A. V. BUCHNER.

Le docteur RUCKEISSEN.

M. DR. GERGES,

Secrétaire de la société rhénane des naturalistes, et professeur d'histoire naturelle.

12

Extrait des procès-verbaux de la section des sciences économiques et forestières de la 20ᵉ réunion des naturalistes et des médecins allemands, siégeant à Mayence. Séance du 20 septembre et suivantes de l'an 1842.

(5ᵉ séance du 23 septembre 1842.)

Le docteur Cassebeer a ouvert la séance par la proposition tendant à prendre une décision au sujet de la demande de M. Bickès. Quant à sa personne, il était intimement convaincu que l'invention de cet agronome méritait une attestation favorable, et que dès lors il y avait lieu de recommander aux cultivateurs de la section la souscription aux actions de 10 florins offertes par M. Bickès, en se disant disposé à prendre une de ces actions. La majorité des membres sectionnaires déclara accéder à la proposition, et tous, à l'exception du professeur Neeb, opinèrent en faveur du certificat mensionné ci-dessus.

Pour extrait conforme,

Le président de la section
Signé : Dr. PITSCHAFT.

Les secrétaires de la section,
Signé : W. MANN et HEIMBURG.

Pour la légalisation des signatures de messieurs le président et les secrétaires de la section des sciences économiques et forestières de la 20ᵉ réunion des naturaralistes et médecins allemands.

Mayence, le 29 septembre 1842.

Le sous-directeur,
Signé : BRUCH.

Société de l'horticulture à Mayence.

13

Le comité d'administration à M. Bickès à Castel.

Nous nous faisons un agréable devoir de vous exprimer notre cordial remerciement de l'officieuse obligeance avec laquelle vous avez embelli notre dernière exposition de votre superbe collection de plantes. A cette reconnaissance, nous joignons la prière que vous voudrez bien continuer de seconder notre société de la même manière afin de lui donner de jour en jour plus d'importance et plus de prospérité. Agréez l'assurance de notre estime distinguée.

Pour le comité d'administration,

Ant. HUMANN
Président.

A. de JUNGENFELD,
Secrétaire.

14

Extrait d'une lettre de M. le Bailli Sarasin à Gudheim, en date du 18 juillet.

J'ai reçu votre honorée lettre du 8 de ce mois, et il faut que je vous dise, à mon grand chagrin, que vous avez le sort de tous les grands hommes qui ont fait tant de bien au monde et à l'humanité; restez fidèle à votre principe et ne vous laissez pas détourner de communiquer à la société cette grande invention; la postérité vous en saura gré, et ennemis et envieux rougiront de honte.

15

Les soussignés ont examiné, à la réquisition de M. Bickès, les plantations cultivées sur un sol de troisième classe. Ayant suivi son système depuis trois années consécutives, ils ont reconnu ce qui suit :

1o La seconde coupe de Ray gras, italien et français, avait une hauteur de cinq à six pieds et offrait une herbe d'une vigueur extraordinaire.

2o La Luzerne d'une vigueur telle que les feuilles étaient presque rondes.

3o Le Trèfle rouge, qu'on laboure ordinairement à la deuxième année, conservait encore la supériorité à sa troisième année.

4o Différentes espèces de pommes de terre de plus de six pieds de hauteur, dont les tiges sont plus fortes que le doigt d'un homme. Les tubercules sont dans une parfaite proportion avec les plantes, elles sont d'une grandeur plus qu'ordinaire, et nous en avons trouvé sur un pied trente à quarante et même davantage.

La grandeur des espèces de Saint-Jean et hollandaises est particulièrement remarquable, car elle dépasse même celle des plus grandes tubercules connues ici.

5o Maïs de huit à dix épis et souvent quatre à cinq tiges sur un pied.

6o Deux plantes de Mauves produites cette année de semence, et qui ne fleurissent qu'à la seconde année, furent chargées de fleurs en pleine vigueur.

7o Les petites mauves sauvages (Malva Mauritianae) avaient six à sept pieds de hauteur et étaient chargées de grandes fleurs.

8o La Rose commune (Centifolio) a produit sur tous les rosiers une grande quantité de semence.

9o *Des champs d'orge, de froment et d'avoine ont présenté la plus belle verdure et ont poussé une seconde fois des épis.*

10o Les feuilles de Houblons étaient plus grandes que celles de vignes.

M. Bickès nous a défiés de lui montrer un autre champ qui ait un développement pareil de vigueur, même dans les premiers jardins des environs, et nous devons constater qu'une telle vigueur ne s'est jamais montrée dans nos contrées.

Il est surprenant que les plantes préparées attirent une grande quantité de nourriture de l'atmosphère qui profite considérablement aux plantes non préparées qui se trouvent à proximité. Nous avons reconnu cela sans le moindre doute, car les plantes qui se trouvaient à côté étaient d'une plus grande vigueur que celles qu'un même sol ou tout autre non préparé est incapable de produire.

Pour cette raison, il est évident qu'on ne peut pas établir une juste comparaison entre les plantes préparées et non préparées, lorsque les unes se trouvent immédiatement à côté des autres, parce que les dernières altèrent et diminuent la quantité de nourriture attirée de l'atmosphère par les premières.

Nous n'avons pas trouvé la culture soignée, et M. Bickès a déclaré l'avoir expressément négligée, afin qu'on ne puisse attribuer les résultats à un excès de soins.

Signé A.-H. Schott, expert et membre de la société d'horticulture,
Signé Berz.

Paris.

Extrait de la lettre de M. Petit.

Le jardin des Plantes est parfait, mais ce qu'il y a de singulier, c'est que l'ensemencement préparatif est presque aussi satisfaisant que celui préparé ; j'attribue cela à l'influence du voisinage. — (Voyez les certificats sur l'attraction de l'atmosphère.)

Saint-Germain est ce qu'il y a de plus concluant : le *terrain y est horrible*, les ensemencements ont été faits trop tard, les corbeaux ont tout ravagé et, pourtant sur un sol de sable un froment beau surtout en épis et un seigle qui, pour ne pas être magnifique, n'en est pas moins une récolte forte pour les terrains de ce genre. J'ai, du reste, rapporté divers échantillons pour vous les montrer ; vous en jugerez.

A Montrouge, sur la carrière où le sol n'est pas engraissé, c'est infiniment plus beau, mais le sol est meilleur.

C'est tout ce que l'on peut désirer ; le problème de la culture sans engrais s'y trouve résolu.

17

Certificats.

Mayence, Mombach.

Aujourd'hui 11 août 1845, les soussignés se sont rendus, à la réquisition de M. Bickès, sur ses champs, pour vérifier les produits provenant de ses ensemencements préparés par son procédé.

Monsieur,

Nous affirmons par serment le résultat suivant de cette expertise :

1° Un champ ensemencé en blé, de sable aride, pas labouré à la charrue, mais sur lequel la herse avait passé seulement une fois. Un sol tout à fait improductif a été ensemencé de grains préparés par M. Bickès et a rapporté sans engrais, d'après l'estimation d'aujourd'hui :

2° Trente à trente-six grains par épis, et dont nous estimons le rendement à trois malters par arpent, quinze à seize hectolitres par hectare; ce sol n'a jamais été cultivé de froment, et moins encore, sans engrais, par aucun habitant de notre commune ou tout autre cultivateur.

3° Deux champs de pommes de terre, sans engrais et sans préparation, plantées par M. Bickès, d'un sol indentiquement le même que celui de froment ont rapportés en moyenne, dix tiges et vingt tubercules sur un pied.

4° Un champ de seigle, d'un sol de la même qualité que ci-dessus, produisait de beaux épis de trente à trente-trois grains, et le rendement en est de cinq malters par arpent ou vingt hectolitres par hectare.

Nous devons observer que le froment, le seigle et les pommes de terre ont été plantés beaucoup trop tard, et que, sans cela, le rendement en aurait été plus considérable encore.

Ce que nous certifions par ces présentes, par notre signature; signé : Herser, conseiller communal; Kern, conseiller communal; Veil-Mumm, garde champêtre; Eppsturs, adjoint au maire; Ernest, pharmacien bavarois était aussi présent à l'expertise, mais, obligé de partir, il ne put pas signer.

Observations.

Ayant vu par l'expérience que les semences qui provenaient de mes récoltes avaient plus de vigueur, je fis, pour m'en convaincre encore davantage, mettre, pendant mon absence, ma récolte de plusieurs expériences de l'année précédente dans ce sable mouvant, tout à fait sans aucune préparation, et le résultat ci-dessus l'a parfaitement confirmé.

18

Belgique.

M. le baron Norman, à Bruxelles,
A M. le chevalier Causson, à Londres.

Extrait de la lettre sur le sable improductif.

Les ensemencements qu'il a faits à la Porte-Louise donnent beaucoup de relief à son invention. Rimington est fort satisfait de ces semis; il est allé les voir plusieurs fois, et a dit à M. Jouvenel que M. Bickès était un grand homme et que s'il n'avait fait que cela, c'était déjà beaucoup.

M. Jouvenel s'est mis immédiatement à terminer la médaille de Bickès, et il ne s'occupe pour le moment que de cela.

Comment va M. Bickès? Ici on admire ses résultats; le gouvernement est en arrangement avec son représentant.

On m'écrit encore :

19

Hoogstrasten, 18 août 1845.

Au dépôt de mendicité d'Hoogstraten, j'ai trouvé, à ma rentrée dans cet établissement, la lettre que vous m'avez fait l'honneur de m'écrire; j'ai pris connaissance, avec toute l'attention que l'objet réclame, des trois rapports que vous avez bien voulu me communiquer et qui se trouvaient joints à votre rapport.

Les résultats qu'ils indiquent, je les ai aussi remarqués par l'expérience que nous avons faite avec l'hectolitre d'avoine préparé par le procédé de M. Bickès.

Cette [avoine] semée, en votre présence le 5 mai dernier, ne laisse rien à désirer où la nature de la terre a été bruyère aride. (Suivant procès-verbal, elle n'a pas été engraissée depuis trois ans.) Cette avoine est aussi belle que celle avec engrais ordinaire sur la même pièce de terre, et qui devait servir de point de comparaison avec celle préparée par M. Bickès.

A présent que le procédé de M. Bickès est *apprécié,* on ne doit plus se borner à des expériences, mais bien l'employer en grand; et si ce procédé ne peut pas encore appartenir au domaine public, dans l'intérêt de l'agriculture, M. Bickès devrait établir des dépôts où, à un prix raisonnable fixé par hectolitre, les cultivateurs pourraient se procurer les différentes espèces de céréales préparées par son procédé et destinées à l'ensemencement des terres.

Par ce moyen, le service rendu à l'agriculture sera immense.

Signé : Bausard, directeur du Dépôt de mendicité.

20

Grez-Doiceau, 26 août 1845 (près Vavre).

Monsieur,

J'ai l'honneur de vous adresser les renseignements suivants sur les résultats de l'ensemencement fait dans mes terres, le 8 mai, pour faire apprécier les avantages de la culture sans engrais, procédé Bickès.

Je dois vous rappeler les termes du procès-verbal fait le 8 mai : La terre ensemencée d'orge, d'avoine et de lin, est tout au plus de deuxième classe (nous ne distinguons que trois classes en Belgique); elle est argileuse et n'a pas reçu d'engrais depuis sept ans.

Peu confiant dans les résultats du procédé, *j'avais livré une terre que je ne pouvais plus cultiver sans une bonne fumure,* que je devais laisser en jachère jusqu'à l'automne, ne voulant pas m'exposer à perdre une partie de mes terres, actuellement productives.

La commune entière a été témoin des résultats de l'ensemencement de seigle et de froment fait en novembre 1844 (*dans ces terres*). La duchesse de Looz en était bien étonnée; mais on ne croyait pas qu'il y aurait des graines. Vous nous avez donné un démenti bien formel et dont nous vous félicitons bien sincèrement.

Pour ce qui me concerne, voici les faits dans toute leur vérité. L'orge venue dans la terre indiquée plus haut et dont je vous envoie une gerbe blle de paille, et d'une belle hauteur. La proportion des gerbes obtenues est de cinquante-huit pour trois litres de semence préparée. *Le rendement en grains a été de soixante litres pour une chose inouïe dans nos contrées*, cent-soixante hectolitres par hectare! Le grain est fort, bien rempli et tout de première qualité.

Le lin nous a surpris plus encore : Jamais, malgré mes nombreux essais, je n'avais pu obtenir ce produit dans cette terre; le lin venu par ce procédé ne laisse rien à désirer, et on en trouve peu de plus beau dans la commune.

Il a trois pieds de hauteur en moyenne, les capsules sont fortes, bien chargées de graines, la file est très-fine et le rendement considérable.

Quant à l'avoine, qui se distinguait de la voisine *par les canons bien plus forts, les feuilles plus développées, une verdure plus foncée, des épis bien plus garnis,* le mauvais temps et les coups de vent terribles, qui ont passé dans cette direction, l'ont couchée; mais les pluies nous manquent. Je ne doute pas qu'elle mûrisse bien.

Je vous envoie aussi du chanvre provenant de graines préparées. — *Votre chanvre a neuf pieds de haut, les tiges sont au moins quatre fois plus fortes que les autres provenant de graine non préparée. Les tiges de cette dernière n'ont pas cinq pieds de haut.*

Je vous envoie également du seigle et du froment provenant de semences préparées, ensemencées en novembre, *dans le jardin du château de Grez, dans une fosse remplie de sable d'un pied de profondeur. Il est impossible de voir de plus beaux produits. Nos meilleures terres n'en donnent pas de supérieures. Tous les cultivateurs des environs, et moi en particulier, nous prenons la liberté de vous demander comment nous pourrons avoir des graines pour nos ensemencements. Nous connaissons trop vos bons sentiments pour croire que vous ne vouliez pas mettre le pauvre cultivateur à même de jouir du bienfait de cette découverte, la seule véritable qui ait jamais été faite* pour l'agriculture, qui, vous le savez, ne paie pas notre dur travail et nos nombreuses privations.

Signé : J.-P. Jacqmot, fermier; A. Lacourt, J. Mathous, N. Masons, J-J. Demain, G. Maricq, J.-J. Colson, A.-J. Latour.

Nous bourgmestre de la commune de Grez-Doiseau, certifions que les signatures ci-desus apposées sont celles des sieurs. J.-P. Jacqmot, d'Alex. Lacour et d'André Joseph Latour, cultivateurs, demeurant au dit lieu :

Grez-Doiseau, 26 août 1845.

Signé Rayée.

4

21

Angleterre, Reading Mercury.

Le colonel Blagrave au Rédacteur,

Beaucoup de vos amis ont certainement un grand intérêt dans les différentes expériences faites dans le but louable d'accroître les produits du sol, et je suis de ceux qui pensent, que tout essai tendant à rendre notre pays indépendant des grains étrangers en cas de guerre, mérite d'être éprouvé. — Je vous préviens par la présente des résultats de la découverte d'un agronome très-instruit, nommé Bickès, bien connu et respecté à Bruxelles et à Mayence, qui a été introduit chez moi par un négociant connu dans le monde mercantil de la cité de Londres. — Le jour de l'ensemencement, M. Bickès est venu avec son domestique et a apporté les semences, qui ont été ensemencées dans l'ordre suivant. Un champ de qualité très-inférieure, et pas engraissé, fut ensemencé de sarrasin, de lin, de navets, de vesces, de colza et de pommes de terre. — Le sarrasin et le lin sont très-abondants et ont mûri malgré le temps froid; les navets sont bons pour la saison; les vesces ont été mangées par les lapins; le colza aurait fourni un rendement extraordinaire, s'il avait été bien cultivé; et les pommes de terre, comparées à d'autres, ont montré évidemment la propriété fertilisante de la préparation de M. Bickès.

Le tout se trouve près de la maison de mon garde-forestier et mérite bien l'attention des fermiers.

Calcut Park, 24 septembre 1845.

Signé : Blagrave.

22

Hamstead Bury, Redburn, Hertfordshive, 28 septembre 1845.

Ayant vu les ensemencements que vous avez faits en Essex et Hampshire, bien qu'ils n'aient pas été bien soignés, je suis convaincu que vous avez fait une importante découverte, et je désire et j'ai l'intention d'étendre la connaissance de votre invention et d'ensemencer autant d'acres que vous voudrez en préparer pour la saison d'ensemencement, et je connais beaucoup de fermiers qui ont l'intention de suivre mon exemple; mais il est nécessaire que la semaille soit immédiatement préparée, parce que la saison pour le froment est arrivée, et j'espère que vous ne tarderez pas à satisfaire à ma demande.

Signé : T.-V. Overman.

23

Procès-verbal.

Wanstead-Essex, 16 mai 1845.

Orge ensemencé, 72 yards long et 12 yards large.
Trèfle rouge, l'ensemencement a été fait par le domestique de M. Bickès.
Sarrasin, 65 yards et 21 yards large, ensemencé par le domestique du comte Mornington, à la réquisition de M. Bickès.
Ray gras et trèfle rouge, 52 yards long et 28 yards large.
Lucerne, 36 yards long et 9 1/8 yards large.
Pommes de terre, 65 yards long et 2 yards large.
En présence des soussignés :

Fils Wellington, marquis de Douro; comte Mornington, V.-L.-A. Robins, solliciteur ; Richard-Bartlay, régisseur en chef des domaines du comte Mornington.

24

Wanstead-Park, 11 octobre 1847.

Je certifie que la préparation de semence, blés, racines, etc., de M. Bickès, si elle est bien appliquée, est une fertilisation fort utile pour le terrain pauvre, comme il a été éprouvé ici au sarrasin, à l'orge, aux pommes de terre, etc.
Signé : Richard-Bartley, régisseur du comte Mornington.

25

Forke Mornington. — Londres, le 12 octobre 1847.

Je soussigné certifie qu'un terrain très-pauvre, et qui, depuis beaucoup d'années, n'a pas reçu de fumure, a été planté en partie par des pommes de terre et des navets préparés par M. Bickès; le résultat fut : Les pommes de terre préparées étaient d'une vigueur admirable et pas atteintes de maladie, pendant que les autres, non préparées, furent pauvres et presque toutes détruites par le ver.
Les tiges des pommes de terre préparées montaient à une hauteur de 4 à 6 pieds, et il n'y avait pas une seule plante attaquée par le ver. — Toutes les personnes qui ont vu ces plantes les ont admirées et ont déclaré, comme moi, qu'on n'a jamais eu, dans le meilleur terrain engraissé, un résultat semblable. — Les navets furent de beaucoup plus grands et les feuilles presque rondes, la racine fut beaucoup plus sucrée que celle de semence non préparée.
A l'asile des Orphelins, à Stamfordhill, le colza de mars et les navets pré-

parés par M. Bickès, ensemencés dans un terrain qui n'a jamais été engraissé depuis 6 à 7 ans, les produits en furent d'une force et d'une abondance extraordinaire.

Ont signé : William, Mac-Béath, Robert-Tabéam, Asylum, des Orphelins; Stoke, Newington.

26

Sur un très-mauvais sol, pas engraissé au moins depuis 20 ans, 30 **acres** de froment sur trois points différents.

Extrait d'une lettre de M. Idle, propriétaire.

Northfrith-Kent, 8 octobre 1847.

La préparation de M. Bickès est d'une très-grande valeur pour le froment; elle produit plus de ramifications, des épis plus longs et plus abondants et plus de paille que dans la culture ordinaire. Dans nos champs, il y avait des épis de huit à neuf pouces de longueur.   Signé : Idle.

(Il y en a beaucoup de 12 à 14 étages avec 4 à 5 graines dans une balle.

Observation.

Le sol est le plus pauvre qu'on puisse trouver, et souffre tant de la sécheresse, que toute verdure des prairies avait disparu au temps de la récolte du blé. — Le propriétaire dit qu'il faut tous les quinze jours de la pluie, si tout ne devait pas manquer.

27

M. DENIS DE SAINT-PIERRE, rue Bergère, 31, à Paris.

12 *février* 1850. « Ce qui me détermine à vous faire cette commande, c'est que j'ai remarqué la végétation extraordinaire des acacias du boulevard Bonne-Nouvelle, que vous dites avoir fertilisés. Par humanité, vous devriez aller au secours de tous ceux qui bordent Paris. »

28

M. SELLIER, rue d'Alger, 10.

18 *février* 1850. « Il est bien vrai que l'année dernière, j'ai fait l'essai, en Sologne, de l'engrais Bickès : que j'ai récolté de l'orge et que j'ai fait semer du trèfle blanc, qui est parfaitement venu; que l'automne dernier, j'ai fait semer du froment et de la vesce d'hiver; que ces deux ensemencements ont également très-bien réussi, et que mon gendre m'a écrit, que depuis la fonte des neiges, le froment était admirable et autant herbé que possible (c'est l'expression du pays).

29

M. FONTENILLES à Agen (Lot-et-Garonne).

19 *février* 1850. » Il est bien vrai, monsieur, que des essais du système Bickès ont parfaitement réussi sur les pommes de terre, les haricots, etc., etc. »

11 *mars.* « M. Briand, propriétaire à Vieux-Vy, qui a employé de votre poudre dans la même pièce de terre concuremment avec des vidanges de latrines à forte dose, a constaté que votre système a surpassé l'autre en récolte.

« M. Bizon, notaire à Rimou, propriétaire et agronome très-intelligent, en a employé dans une pièce de terre où le sarrasin a été parfaitement grainé; auprès il avait semé du sarrasin et l'avait fortement fumé avec des cendres lessivées, le sarrasin préparé avec vos poudres était de beaucoup supérieur. »

30

M. FUGOULT (à M. Digard).

12 *mars* 1850. « Les deux verges et demie de blé froment, fait avec l'engrais que tu m'as procuré, sont dans une terre située commune de Thiéville, près de la Lande: la terre est ordinaire, le retour en partie de trèfle. Ce blé paraît aussi beau que celui que j'ai fait avec du fumier, même plus fourché. »

31

M. LEMAIRE (à M. Digard).

15 *mars* 1850. « J'ai suivi votre conseil, j'ai essayé de l'engrais Bickès et je me fais un plaisir de vous témoigner la satisfaction que j'en éprouve; vous en jugerez vous-même. Dans le mois de novembre, j'ai fait du blé dans des pièces labourées et engraissées suivant l'ancien usage; dans le mois de janvier j'en ai fait en me servant de l'engrais Bickès. Aujourd'hui le dernier a une aussi belle apparence que le premier, quoiqu'il soit dans un terrain bien inférieur.

« Je ne suis pas le seul à éprouver cette satisfaction, car Baptiste Moulin, fermier à Frotemanville, m'a fait les plus grands éloges de cet engrais; le froment qu'il a fait avec, quoique ensemencé longtemps après celui qu'il a fait comme d'usage, et dans un terrain inférieur et moins bien préparé, promet aussi bien que le premier fait. »

32

M. DIGARD, à Tourlaville (Manche).

6 *avril* 1850. « L'hiver s'est prolongé plus que de coutume cette année dans notre département, ce qui a beaucoup retardé la comparaison qu'on

peut voir aujourd'hui et qui, je le proclame bien haut, est entièrement à l'avantage de votre système ; vous allez en juger : le 23 décembre j'ai semé un demi-hectolitre de froment dans 43 ares de terre argileuse, plutôt légère que forte, plutôt ordinaire pour froment que de bonne qualité ; c'est la troisième fois que je fais du froment dans cette pièce depuis cinq ans, et sans la confiance que j'ai eu dans la bonté de votre engrais, je n'aurais pas osé y ensemencer. Eh bien ! monsieur, j'ai invité six à sept cultivateurs, mes voisins, à venir le voir ; ils ont déclaré que c'était le plus beau froment qu'ils eussent jamais vu, et plusieurs ont dit que s'ils craignaient quelque chose, c'est qu'il ne fût trop épais, tant il est talé. Nous avons compté les tiges et nous en avons trouvé depuis quatorze, quinze, dix-huit jusqu'à vingt-deux. Les feuilles étaient grasses, larges et d'un vert très-foncé, tandis que celui qui était dans une autre partie de la pièce et fait dans les conditions habituelles de notre contrée et semé dans le même temps, ne comptait que trois à quatre tiges, maigres, jaunes, chétives ; en un mot, il était semblable à celui de mes voisins que nous sommes allés voir ensemble.

J'ai semé aussi un peu d'avoine qui promet très-bien ; mes voisins y ont aussi reconnu une vigueur extraordinaire, et plusieurs m'ont dit qu'en raison de la rigueur du temps que nous avons eu, et de la nature de la terre, elle ne fût pas levée sans la vigueur de votre engrais.

« J'ai aussi semé deux hectares de luzerne dans une pièce très-maigre et envahie par la mousse, et dans laquelle il y en avait eu qui avait été détruite en grande partie par les pluies surabondantes que nous avons eues dans l'hiver de 1847 à 1848. Je ne l'ai point labourée, je l'ai seulement hersée trois fois. La luzerne est très-bien levée, et, si elle réussit comme elle promet, ce sera phénoménal, et l'exemple le plus concluant en faveur de la bonté de votre procédé.

« Dimanche dernier je suis allé voir les choux hâtifs plantés par M. Félix Lemoigne ; ils sont beaucoup plus beaux que ceux plantés le même jour et dans le même sol, avec force fumier de cheval et varech. En revenant, je joignis M. Duprey, président de notre société horticole et professeur très-instruit ; je l'engageai à venir voir les choux que le sieur Bourgeois a aussi plantés par votre système. Il reconnut avec moi qu'ils étaient beaucoup plus beaux, la feuille plus vert foncé, plus grosse, plus ronde que ceux plantés le même jour avec varech et fumier.

« M. André m'a dit que son froment était plus beau que celui bien fumé.

« Je vous envoie ci-inclus deux certificats de personnes qui ont essayé votre engrais pour le froment. »

33

M. LEBLANC, à Douai (Nord).

7 *avril*. « Le temps est rare chez nous pour la saison, et les blés semés en octobre dernier par votre procédé sont d'une végétation superbe, même étonnante. Il y a au moins dix, douze et même vingt tiges par plante. »

34

M. FLEURY, à Sainte-Croix-lès-le-Mans (Sarthe).

20 avril 1850. « M. Renou, propriétaire et aubergiste à la Belle-Inutile en-Saint-Mars-la-Brière, près le Mans, m'a dit hier soir en prenant un paquet pour pommes de terre, que l'avoine qu'il avait ensemencée avec préparation de vos poudres, avait déjà devancé celle qu'il avait semée un mois avant avec des fumiers ordinaires et dans de meilleurs terrains; que sa vesce était aussi bien belle. Avec la rinçure du vase dans lequel il avait fait la préparation, il trempa des pois et ils étaient déjà longs tandis que ceux sans préparation commençaient à peine à lever.

Je me plais à joindre une feuille prise dans du blé fait dans mon jardin et dans du sable extrait du puits, provenant des sources vives qui alimentent ce puits. Ce sable ne peut être plus maigre. J'étais jeudi à me promener dans les meilleures terres du Mans et je n'ai pu voir de plus beau blé, et encore je dirais d'aussi beau, je ne me tromperais pas. Le sable sur lequel est ce blé se trouve élevé au-dessus du sol à environ trente centimètres et placé dans une allée de mon jardin.

35

M. LEBRAY, à Céton (Orne).

7 mai 1850. « Je vais vous donner des détails du blé préparé avec votre engrais, et qui est d'une végétation extraordinaire, chez M. Carlier Sauttin, près Valenciennes, M. Gaultier, à Jenvilon, près Arras: M. Dufontaine à Aix, près Orchis: chez M. Bacquet, propriétaire, fabricant de sucre, à Corbéhem, près Douai. Ce dernier est celui qui vous avait promis d'en prendre 10,000 hectares au printemps, mais il veut attendre la récolte. Il a deux hectares de blé, préparé avec votre engrais, sans autre fumure que la vôtre; il en a à côté fumé avec l'engrais ordinaire et fumé fortement. Dernièrement il a encore fait semer des tourteaux sur ce même blé ; malgré tous ses efforts, le blé préparé avec votre engrais le dépasse de beaucoup, et pourtant il n'a mis dans le blé préparé par votre procédé qu'un hectolitre de semence par hectare, tandis que dans celui fumé avec son engrais, il y a deux hectolitres, moitié plus de semence. Voici des faits exacts que j'ai vus moi-même dimanche dernier chez M. Leblan. »

36

M. HENRY BARLES (Bouches-du-Rhône), à Aix.

11 mai 1850. « J'ose vous dire que vous avez eu tort de ne pas en avoir (de poudre); bien des propriétaires de mes amis en auraient essayé, émerveillés qu'ils sont de mes blés, pois et fèves. »

37

M. DUFAURE de Montmirail, à la Souterraine (Creuse).

12 mai 1850. « Les choux que j'ai plantés et dont les racines avaient été trempées dans la lotion que j'ai préparée, ont fait merveille; bien des curieux sont venus les voir. Ils ont, en huit jours de temps, malgré deux fortes gelées qui les avaient endommagés, poussé quatre feuilles, dont quelquesunes ont plus de deux pouces et demi. »

38

M. CHAMBILLE, curé à Sainte-Gemme (Indre).

14 *mai* 1850. « Les grains préparés par votre système s'annoncent très-bien, m'a-t-on dit; le terrain était mal préparé; un mauvais labour avait à peine déchiré le gazon; et, malgré toutes ces défections, le froment de mars dépasse en beauté celui que j'ai fait semer dans un terrain fumé, de première qualité. J'espère que ces belles apparences donneront un bon résultat. »

14 *mai* 1850. « J'ai ensemencé le 15 novembre du blé, qui a aujourd'hui de 20 à 25 tiges par plante, et est d'un avenir extraordinaire, et je n'ai mis que la moitié de la semence ordinaire, etc.

« J'ai semé du blé de printemps, le 17 mars, qui a aujourd'hui de 15 à 25 tiges sur chaque plante, terre de première classe.

« Chez M. Tafforau, sur une terre de quatrième classe, on voit jusqu'à 25 tiges sur la même plante.

« Chez Mme Mathias, de l'avoine d'hiver, semée le 15 novembre, les deux tiers ayant été gelés, il reste un tiers qui fournit jusqu'à 25, 30 et 35 tiges et cela sur une mauvaise terre de sable, quatrième classe. L'avenir qu'elle présente donne à espérer qu'elle sera assez ensemencée.

39

M. OROB, à Niderviller (Meurthe).

1er *juin* 1850. « J'ai pu me convaincre de la supériorité de vos poudres sur les engrais ordinaires, en visitant un champ de blé, que j'ai trouvé très-vigoureux et qu'on m'a dit avoir été semé avec de la semence imprégnée de votre poudre végétative, appartenant à Madame veuve Moutier. Dans ce que j'ai pu voir, j'ai pu remarquer une grande supériorité dans la végétation. Enfin, j'étais tellement enchanté de ce moyen que je regrettais de ne plus pouvoir l'employer que pour l'année prochaine, ou sur la fin de cette année. »

40

M. FLEURY, à Sainte-Croix-lès-le-Mans (Sarthe).

7 *juin*. « M. Cornu, sous-agent à Beaumont, sort d'ici; il m'a dit que tous les blés préparés étaient supérieurs à ceux qui avaient été fumés. Quant aux expériences que j'ai faites moi-même, elles sont toujours belles. L'orge, dont je vous ai parlé dans ma dernière lettre, faite fin avril, avait alors 10 tiges; il y a des plantes qui en ont maintenant jusqu'à 25. Le blé,

dans le plus mauvais sable, conserve toujours sa supériorité sur celui ensemencé dans la meilleure terre et fumé. »

41

M. DUFAURE de Montmirail, à la Souterraine (Creuse).

10 *juin* 1850. « Je suis trop heureux, monsieur, que ce dont j'ai à vous rendre compte, soit plus satisfaisant encore que ce que je vous avais annoncé, et que mes petites expériences aient dépassé l'espoir que j'avais fondé sur votre système de culture. J'ai semé sur un terrain de troisième classe, négligé et ne recevant pour ainsi dire aucune espèce d'engrais depuis longues années, trois planches de pois dont une seulement, la première a été préparée suivant votre système. Tous ces pois, les unes comme les autres, ont levé en même temps. Pendant les huit ou dix premiers jours, la planche préparée présentait plus de vigueur, la feuille était plus large, la tige plus forte et d'un plus beau vert. Aujourd'hui ils sont aussi beaux et de la plus belle venue, et ils profitent à vue d'œil.

« *Nous voilà aujourd'hui fixés sur l'effet de l'attraction; et pour savoir jusqu'à quel point cette attraction avait lieu, j'ai semé le même jour à trente mètres de distance des premiers, une autre planche de pois de la même espèce, même nature de terrain.*

« *Ces pois font mal à voir, leurs tiges, qui ont atteint la hauteur de huit pouces au plus,* sont grosses comme des fils, la feuille est d'un vert jaunâtre. A un mètre de distance de ces misérables pois, j'en ai semé, toujours de la même espèce, mais un mois après, une autre planche que j'ai préparée. Nés depuis quinze jours, ils sont aussi hauts que leurs voisins et d'un vert noir. Bien des gens, dont quelques-uns m'ont vu faire mes semailles, trouvent cela prodigieux et moi aussi. Ces derniers pois promettent plus, je crois, que les premiers.

« Les haricots et les maïs, dont je vous ai déjà parlé, préparés avec la poudre, sont magnifiques : les maïs surtout semés dans les touffes de haricots, suivent jusqu'à présent les progrès de ces derniers. »

42

M. FONTENILLES, à Agen (Lot-et-Garonne).

12 *juin* 1850. « Après-demain je serai chez M. Amblard, qui est très-satisfait, car il a *eu la visite de dix personnes* de notre pays, qui sont allées constater les effets qu'ils ont traités de merveilleux, *eux qui ne voulaient pas y croire, car ce sont des docteurs et des académiciens qui ont vu et touché.*

« M. *Cartain du Chicot, habitant de Nérac (Lot-et-Garonne), homme sérieux, agriculteur plus sérieux encore, m'a fait l'honneur de venir me voir pour me dire des choses qui paraissent incroyables de votre système, et que vos détracteurs ont été forcés de constater.* Voici le fait : il a préparé un hectolitre de blé par votre procédé, ce blé devait être semé sur un hectare de *mauvaise terre. La personne qui avait ordre de semer clair, le fit en effet, puisqu'il resta un quart d'hectolitre. M. Cartain craignit d'avoir mal opéré*; néanmoins il attendit et surveilla. Les germes sortirent vert foncé, au lieu d'être jaunes comme à l'ordinaire; mais *si clair semés que le champ en était effrayant. Au mois d'avril dernier, ce champ de blé changea d'aspect; chaque pied présentait vingt-cinq, trente et trente-cinq tiges.* Aujourd'hui le blé a atteint un mètre quarante centimètres de haut; les épis ont, en général, *de dix à douze centimètres de haut. C'est une vérité que cinquante personnes notables de notre département peuvent constater au besoin.*

« Le quart d'hectolitre préparé et de reste, M. Cartain l'a fait semer sur une bonne terre bien préparée et fumée; il m'a dit que le blé était tellement beau qu'il me fit cette comparaison : *On dirait des petits roseaux!* M. Cartain m'a promis de m'écrire sous peu de jours et lors du rendement. »

<h2 style="text-align:center">43</h2>

M. CHANTEAUD, propriétaire à la Souterraine (Creuse).

18 *juin* 1850. « D'après l'expérience que j'ai faite sur un champ d'avoine, dont moitié a été bien fumée et l'autre préparée par votre procédé, je n'ai qu'à me louer du résultat jusqu'à ce jour, quoique la semence préparée ait été placée dans la partie la plus mauvaise du terrain. Malgré cela l'avoine est bien plus belle et plus verte que la première, qui a été bien soignée avec de la fiente. Ce succès m'encouragera à l'avenir à m'adresser à votre système. »

<h2 style="text-align:center">44</h2>

M. MICHAULT, rue Bellefond, 9, à Paris.

19 *juin* 1850. « M. Menard, meunier à Beyne, près Nauphle-le-Château (Seine-et-Oise), nous a déclaré avoir fait du blé avec la *culture sans engrais*, avoir mis de la semence selon l'instruction (100 litres par hectare). Sa récolte est aussi belle que celle des ensemencements faits avec le mode ordinaire (avec 250 litres de semence). Il est très-surpris de ce résultat, parce que cette pièce de terre avait produit, l'an dernier, des betteraves qui, ordinairement, absorbent l'engrais qui reste dans la terre. »

<h2 style="text-align:center">45</h2>

M. FONTENILLES, à Agen (Lot-et-Garonne).

26 *juin* 1850. « Ayant voulu m'assurer par moi-même de l'effet de votre système, je suis allé à quatre lieues d'Agen, visiter les propriétés de M. Cartain du Chicot.

« Avec un hectolitre de blé, M. Cartain a ensemencé cent cinquante ares de terre, environ cent dix ares de mauvaise qualité. Malgré cela, il *espère récolter quarante pour un.* Les principaux agriculteurs de cette contrée sont tous allés le voir, et constateront au besoin cette grande vérité. Les quarante ares ensemencés avec le reste de l'hectolitre préparé, se trouvent être dans une très-bonne terre ; ce blé est si beau que je ne trouve pas d'expression pour vous rendre ce qui est véritable. »

46

M. COURTOIS, maire de Céton (Orne), au rédacteur du *Siècle*.

28 *juin* 1850. « Comme maire de la commune de Céton, je me fais un devoir de faire connaître aux agriculteurs les résultats avantageux de l'engrais Bickès, reconnu aujourd'hui par sa forte végétation. M. Lebray m'a invité à aller visiter les cultivateurs chez lesquels des essais ont été faits en l'automne et au printemps derniers. Tous les ensemencements préparés avec la poudre Bickès, quoique la semence n'ait été que de moitié de la quantité habituellement employée, jouissent aujourd'hui d'une végétation extraordinaire. Les blés, orges et avoines promettent, par leur belle venue, une récolte doublée en poids. Nul doute que le rendement en grains ne vienne bientôt confirmer nos calculs. Les feuilles sont un tiers plus larges et sont aussi plus vertes que celles des plus beaux blés, les épis de 12 à 16 cent, ont 12 à 14 étages, et les tiges sont comme des petits roseaux. Leur hauteur atteint aujourd'hui 1 mètre 66 centimètres, elles grandissent encore ; tout fait espérer qu'il n'y aura pas de petits grains. Les pommes de terre préparées ont de 10 à 12 tiges, fortes et vertes, tandis qu'à côté, d'autres non préparées, n'ont que de 3 à 6 tiges, et bien moins fortes que celles sans préparation.

« Voici des faits exacts que je vous prie, M. le rédacteur, d'insérer dans votre plus prochain numéro, pour faire connaître aux agriculteurs que l'engrais Bickès a une grande qualité, et que, s'ils ont été trompés par d'autres, ils seront récompensés par ce merveilleux procédé.

Recevez, etc. *Signé* COURTOIS.

47

Certificat de M. le curé NOGET, membre de la société d'agriculture de Caen et de plusieurs autres sociétés, médaillé par le gouvernement pour la culture du melon.

Caen, le 28 juin 1850, après une inspection aux environs de Lisieux.

« Succès obtenu depuis trois semaines par le curé d'Aubigny, membre de sociétés savantes, dans l'emploi des poudres de M. Bickès.

« 1° Sur un melon cantaloup j'ai versé quatre centilitres de la composition mise en liquide. C'était le 8 juin dernier. Le plan était un peu triste le jour suivant, le second jour il était vigoureux. Maintenant la plante est d'une luxurieuse venue ; les bras, de trente et quelques centimètres d'étendue, avaient un pouce de grosseur.

« 2° Des graines de melon ont été arrangées selon la prescription de M. Bickès... *Les plantes, quinze jours après, étaient deux fois plus fortes que celles qui n'avaient point eu de préparation.*

3° Sur de grosses fèves, les pieds qui ont reçu la préparation ont six à huit centimètres de hauteur de plus que les autres.

« Je donnerai bientôt d'autres détails plus précis. »

48

M. de SAINT-PAER, à Belle-Isle-en-Terre (Côtes-du-Nord).

1er *juillet* 1850. « Je vous apprends avec la plus grande satisfaction que je n'ai que des louanges à vous faire sur mon essai. Toute ma récolte est admirable, et votre engrais, à mon idée, s'il n'est pas falsifié, sera la richesse de la Bretagne. Je me charge de le faire connaître dans quelques jours, en donnant connaissance des magnifiques résultats que j'ai obtenus, en l'employant même dans les conditions les plus défavorables sous tous les rapports.

49

M. MICHAULT, rue Bellefond, 9, à Paris.

1er *juillet* : « M. Poterre, meunier, à Nauphle-le-Vieux (Seine-et-Oise), nous a fait voir une pièce de blé fait avec le procédé Bickès ; nous avons trouvé *jusqu'à* 19 *tuyaux*, produits par un seul grain.

« Cette récolte est dans une terre argileuse-brûlante, récolte de 1848, blé ; en 1849, avoine ; et, en 1850, blé, le tout sans aucun fumier ; seulement par le procédé de la *culture sans engrais*.

« La deuxième pièce, dans une terre pareille, si ce n'est que la terre était à peine suffisante pour couvrir les pierres, présentait des résultats aussi beaux que la première, avec une semence d'environ 130 litres par hectare. »

Ci-joints deux certificats de M. Belhomme :

« M. Belhomme de la Chapelle, commune de Nauphle-le-Vieux, déclare qu'il a ensemencé de l'avoine dans la plus mauvaise de ses terres ; dans celle qui a été ensemencée par le procédé Bickès, elle est beaucoup plus verte et très-remarquable au coup d'œil, et il déclare également que, dans la terre où est celle de M. Bickès, il n'y avait pas eu de fumier avec les seigles qui y étaient avant, au lieu que dans celle qu'il y avait à côté, le seigle qui y était avant avait été fumé.

« Dans le blé qui est à côté, il ne s'attendait pas à pareils résultats. Il a été étonné de les voir aussi beaux. Il y a un mois et demi, il ne croyait pas qu'il y eût épis.

« *Signé* BELHOMME. »

50

M. DE VILLEPOIX, maire.

10 *juillet* 1850. « Je soussigné Constant-Jules de Villepoix, propriétaire-cultivateur et maire de la commune d'Avesne, canton d'Envermeu, arrondissement de Dieppe (Seine Inférieure), y demeurant; déclare et affirme, pour rendre hommage à la vérité, que j'ai reconnu, dans l'emploi fait par moi, sur plusieurs espèces de grains, des poudres

de M. Bickès, une puissance extraordinaire de végétation ; toutes les espèces préparées chez moi et chez tous ceux qui ont fait l'essai, sont bien belles, plus avancées et d'un vert plus foncé. Sur une pièce de terre de la plus mauvaise espèce, non fumée depuis douze ans, j'ai du blé de mars, de l'orge et de l'avoine magnifiques ; les tiges sont plus nombreuses, plus raides, les épis très-beaux, quoique j'aie mis trop de semence. Mes essais sur radis rouges, choux, salsifis, betteraves, pommes de terre, m'ont fait éprouver le plus grand plaisir. J'ai vu chez M. Mottet, directeur départemental à Envermeu, deux caisses remplies de même terre ensemencées à la même minute, de giroflées, pieds d'alouettes, balsamines, passe-roses ; la différence, en faveur des graines préparées, garnissant une des deux caisses, est telle, que l'on serait porté à croire ue les espèces ne sont pas les mêmes.

« Les trèfles et minettes, ray-gras et sainfoin ont beaucoup de vigueur.

« J'ai l'intime conviction que pour bien réussir, il faut mettre moitié moins de semence pour le blé, seigle, avoine, orge, sainfoin, trèfle, luzerne, ray-gras, betteraves, carottes, navets et pommes de terre.

Signé de Villepoix.

51

M. CHAUVENET, à Pesmes (Haute-Saône).

20 *juillet* 1850. « Je viens de visiter les haricots noirs, plantés le 3 juin dernier, dans mon jardin, avec votre préparation, et j'ai remarqué qu'ils avaient, pour le moment, de 25 à 30 cosses par plante ; mais, à l'époque de leur maturité, j'en compterai le nombre et vous en ferai part, après avoir comparé ce nombre à celui d'autres haricots de même espèce, plantés chez mes voisins, dans de bons terrains fumés, mais sans préparation. Mon jardinier est étonné que les petites raves, semées le 14 juin, avec préparation, dans le même jardin, aient aussi bien réussi, car il sait que mon terrain, quoique fort bon pour les arbres et les gros plans de jardinage, n'est pas propre pour y mettre des semis. »

52

M. GOYER, à Lassay (Mayence).

22 *juillet*. « Les ensemencements de sarrasins sont magnifiques. Jusqu'ici la végétation est luxuriante.

53

M. ROLLET, à Doulevant (Haute-Marne).

30 *juillet*. « Je ne puis en ce moment vous adresser que des spécimens de sarrasin, pris un dans mon champ et l'autre dans celui de M. Chauvet, mon cultivateur, à Doulevant. Ces deux champs, le mien

surtout, qui a produit le pied le plus élevé, sont de la plus mauvaise qualité. Les ensemencements ont été faits au commencement de juin ; il s'est passé trois semaines sans pluie, à partir de l'ensemencement ; nous n'avons mis que moitié de semence, je n'ai pas mis de fumier dans mon champ. Je ne sache pas que M. Chauvet en ait mis dans le sien. Nos sarrasins sont assez serrés, et je puis vous dire que jamais on n'en a vu de plus beaux dans ces terres, lorsqu'elles étaient bien fumées. Je dois donc penser que, quand les grains sont bien préparés, vos poudres produisent d'excellents résultats. »

54

M. JÉROMME, à Mouzon (Ardennes).

1er *août*. « J'ai obtenu qu'on fît ici des essais pour avoine, orge, chanvre, vignes pommes de terre, herbacées, melons, etc. ; les résultats se présentent bien. M. Parisse Navarre, de Munzon, a des feuilles de vignes de 28 centimètres de diamètre ; un melon qui pèse bien 10 livres, à côté de ceux dont la semence n'a pas été préparée et qui ne pèsent que 3 livres. »

55

M. DELPLANQUE, à Raches (Nord).

3 *août* 1850. « Je déclare avoir employé le procédé de M. Bickès pour amender une prairie d'environ vingt-cinq hectares : l'herbe était magnifique, beaucoup plus verte et beaucoup plus vigoureuse que celle des prairies environnantes ; la hauteur de l'herbe était de quatre-vingt-cinq centimètres à un mètre, et je certifie n'avoir jamais eu d'aussi belle récolte en foin et aussi abondante, car elle était triple de celle des autres années.

« J'ai planté par le même procédé des oignons et des haricots qui sont bien venus.

« Je dois aussi à la justice de dire que j'ai semé des betteraves avec même engrais ; elle ont bien levé, mais elles ont été dévorées par un insecte nommé *vermiceau* ; celles qui ont résisté, sont d'une riche végétation et sont superbes. En foi de quoi, je délivre la présente attestation à M. Bickès, pour en faire l'usage qui lui conviendra, et affirme avoir dit l'exacte vérité. »

« Fait à Raches, le 4 août 1850.

Signé DELPLANQUE, cultivateur et membre du conseil municipal.

« Vu pour la légalisation de la signature de M. Delplanque (Benoît), cultivateur et membre du conseil municipal à Raches. »

« Raches, le 5 août 1850.   Le maire,

Signé DENYSSE. »

56

M. SÉGUIN-DUHOT, à la Petite-Forest-de-Raimes, près Valenciennes (Nord).

6 *août* 1850. « Je n'ai reçu votre lettre du 2 août que le 4. J'ai déjà une lettre de M. Leblanc aîné de Douai, me demandant des renseignements sur les résultats du procédé Bickès; je n'ai pu lui répondre, l'avoine que j'avais semé avec ce procédé était retardée. Depuis les pluies elle a pris la vigueur qu'elle aurait eue depuis longtemps sans la grande sécheresse. L'engrais Bickès a donc remplacé le fumier que j'aurais pu mettre sur cette terre. Je ne puis vous donner ce que me demande votre lettre, n'ayant point mis cette année de blé avec ce procédé. Si les renseignements qui précèdent peuvent vous aider, j'en serais très-satisfait, *les trouvant pour ma part d'une grande ressource pour les cultivateurs.* »

57

M. DEHU VAN GUELWE, à Charleville (Ardennes).

9 *août* 1850. « Dans une terre légère, appelée dans le pays terre folle, et dans laquelle il avait été semé l'année dernière de l'avoine et du trèfle, l'avoine étant bien venue et le trèfle pas du tout, j'ai fait semer de l'avoine et du trèfle cette année; l'avoine avait bien levé, mais une quinzaine de jours après on n'en voyait plus; je m'informai auprès du propriétaire de cette terre, d'où pouvait provenir cette dispariton de mon avoine. il me dit : « *Je mets ordinairement dans cette terre* 320 *litres de semence, parce que la vermine en dévore tous les ans au moins les deux tiers, tandis que vous, vous n'y avez mis que* 60 *litres.* » Je lui fis reproche de ne pas m'avoir informé de cela à l'avance, et la terre étant recouverte de mauvaises herbes, je considérais mon essai comme manqué et je ne m'en occupais plus, quand il y a quelques jours, on est venu me demander combien je voudrais vendre ma récolte. Je pris d'abord cette demande pour une plaisanterie, mais la personne insistant, je me rendis sur les lieux, et je fus bien étonné de voir une avoine superbe quoique clairsemée; il y a jusqu'à douze et quatorze brins de *troche* et la paille d'une force étonnante avec des épis de toute beauté. Mais ce qui m'a étonné encore plus, c'est que le trèfle est admirable, il a au moins un pied de hauteur et commence à fleurir, ce que je n'avais jamais vu la première année.

58

M. Lafontaine, directeur de la sucrerie de Charleville, cultive beaucoup de betteraves tous les ans, il met dans ces terres une grande quantité de fumier; cette année la sécheresse a tellement contrarié sa culture qu'il a été obligé de semer plusieurs fois et en fin de compte trois de ses terres ont été retournées faute de produit. Mais dans une mauvaise terre placée sur une roche, il en a semé sans fumier d'après votre système, et avant-hier il me disait que les betteraves y étaient aussi belles que dans les autres bonnes terres qui n'ont pas été retournées.

Un autre propriétaire à qui j'avais vendu de la poudre, et qui se livrait par derrière à toutes sortes d'invectives, disait partout qu'il avait été trompé et qu'il n'avait rien dans sa terre. Cette terre est un sable mouvant et acide; pour profiter davantage, il avait ensemencé le double de terrain que ne comportait la quantité de semence preparée, et entre deux parties de terres ensemencées d'après votre système. il en avait ensemencé une autre sans préparation, afin que, suivant ce qui est dit au prospectus, cette dernière puisse profiter des deux autres. Cependant sa semence avant d'être hersée avait reçue de la pluie. Il a dû plus tard faire labourer la partie sans préparation, et annonçait partout qu'il avait dû faire labourer le tout, mais dernièrement il se disposait à partir pour sa terre, qui est à une lieue et demie de Charleville; je l'entendis dire à sa femme qu'il avait bien six cents quartels d'avoine. Une heure après son départ, je fis monter mon fils à cheval pour l'y aller trouver et voir lui-même ce qu'il en était. Mon fils a reconnu une très-belle avoine, ayant plus d'un mètre de haut, d'un beau vert et très-bien grainée, il m'a rapporté une touffe de onze brins. L'individu voyant arriver mon fils est reparti subitement.

« M. Heinen, fort cultivateur a Charleville, a une mauvaise terre de soixante-dix verges, qui lui est louée 8 fr. par an; elle a été ensemencée sur une forte partie en avoine préparée avec votre système et l'autre sans préparation. La partie préparée est de toute beauté et l'autre est basse et chétive. il m'a promis de me prendre beaucoup de poudre pour l'automne prochain.

J'oub'iais de vous dire que votre poudre a produit un effet extraordinaire sur mes vignes; elles sont chargées de raisins et il y en a dont les feuilles sont aussi larges que des assiettes.

Les pommes de terre ont partout plus belle apparence que celles non préparées.

59

Certificat de la HAUTE-MARNE (Doulevant-le-Château).

9 *août* 1850. « Les soussignés, tous demeurant à Doulevant-le-Château, invités par M Rollet, demeurant au même lieu, chargé de la direction du gouvernement de la Haute-Marne et représenté dans chaque canton, pour le placement des poudres-engrais de M. Bickès, ont constaté les résultats suivants :

« Une pièce de terre de la plus mauvaise qualité du territoire de Doulevant, couverte presque entièrement de cailloux calcaires, a été sans autre fumure ensemencée en blé sarrasin préparé avec l'engrais Bickès, vers le 10 juin, par la sécheresse et la terre étant assez mal en état. Cette céréale y a pris un développement qu'on ne voit pas dans le pays, même dans les meilleures conditions. — Le 5 août, jour de la visite, ce sarrasin, dont le pied, qui est d'une grosseur extraordinaire, a atteint la taille de quatre-vingt à quatre-vingt-dix centimètres, la plupart des tiges réunissent de cinq à douze branches latérales outre la tige principale, et l'on compte depuis quarante, jusqu'à cent vingt bouquets de fleurs bien plus gros qu'à l'ordinaire, sur le même pied.

« Les sarrasins voisins, au contraire, fumés avec le fumier ordinaire, ne sont que d'une apparence assez médiocre et n'ont généralement qu'une tige et quelquefois seulement deux ou trois faibles branches latérales, qui ne portent que douze à vingt bouquets de fleurs bien plus petites et sur les plus beaux pieds.

« Dans les champs de meilleure qualité et fumés abondamment par le fumier ordinaire, nous avons remarqué des sarrasins de très-belle apparence, mais dont les plus belles tiges ne portent que quatre à cinq branches, latérales, et vingt à quarante bouquets de fleurs au plus, d'une dimension bien moins forte.

« Plusieurs autres terrains également ensemencés en sarrasinet préparés par le système de M. Bickès, qui consiste en une sorte de chaulage et sans fumier, ont produit des résultats analogues et annoncent tous une récolte de beaucoup supérieure à celle des autres.

« Nous avons remarqué aussi de la navette dont la semence a été trempée dans la préparation, et dont les feuilles ont atteint un développement tel qu'il est difficile d'y reconnaître la navette (feuilles rondes).

« Nous savons tous, et deux d'entre nous l'ont vu, qu'une terre à chanvre ensemencée en chanvre, préparée avec la poudre-engrais de M. Bickès, a donné également de très-beaux résultats ; le chanvre, bien que semé également, très-tard et par la sécheresse, sur un terrain mal en état, a atteint généralement la taille de un mètre quatre-vingts centimètres, à deux mètres vingt centimètres il est d'une force extraordinaire ; et les tiges, qui promettent une immense récolte, sont d'un diamètre que n'atteignent pas les plus beaux chanvres. La vigueur et la couleur vert foncé de ce chanvre prouvent qu'il n'a pas encore atteint son complet développement ; le chanvre voisin, fumé avec le fumier ordinaire et semé dans de bonnes conditions, a à peine atteint la taille d'un mètre à un mètre vingt centimètres.

« Nous pensons donc que l'engrais Bickès, qui ne nécessite aucun frais de transport, qui coûte seulement 20 fr. par hectare, et au moyen duquel il n'est employé que moitié de la semence ordinaire, doit rendre d'immenses services à l'agriculture qui manque généralement d'engrais ; ce système permettra de couvrir de fumier les prairies artificielles pour les garantir de la gelée et les faire produire davantage, comme aussi de fumer plus abondamment certaine quantité de terre d'un accès facile.

« Cet engrais pourrait par exemple être employé avec grand avantage pour les ensemencements dans les terres élevées, éloignées des centres de population, où il est toujours long et fort difficile de conduire des fumiers ordinaires.

« Il serait utile, pour les cultivateurs qui ne sont pas convaincus de l'efficacité de l'emploi du système Bickès, de multiplier les essais, surtout sur les céréales, le blé principalement.

5

Signé : Penot, Dumay, Fussin; tous trois membres du comité agricole ; Pinchot, Drouillard, tous deux propriétaires. »

60

Août 1850. « On lit dans le numéro 20 du *Bulletin des actes administratifs du département de la Haute-Marne*, un long article par lequel M. le préfet invite MM. les maires à donner la plus grande publicité à la découverte de M. Bickès, à la propager de tout leur pouvoir auprès de leurs administrés, et engage les cultivateurs à faire des expériences dans l'intérêt de l'Agriculture. »

61

M. A. LAPIERRE, inspecteur départemental des enfants trouvés et établissements de bienfaisance, à Mont-de-Marsan (Landes).

10 *août* 1850. « Il y a quelque temps que j'ai lu dans un journal un article où il était question de la découverte que vous veniez de faire d'un procédé au moyen duquel on peut se passer d'engrais pour la culture des terres. Je dois vous avouer qu'au premier abord, j'eus peu de foi dans ce que je venais de lire, et le résultat que vous promettez de l'emploi de votre procédé me parut au moins douteux ; toutefois, comme je pouvais faire une expérience qui ne me serait pas très-coûteuse, je me décidai à me procurer de vos poudres pour la préparation du maïs, nécessaire pour l'ensemencement d'un demi-hectare.

« Mon essai a très-bien réussi ; j'ai employé la semence préparée d'après votre procédé, sur deux terrains différents et éloignés l'un de l'autre de plus de trois kilomètres, et sur l'un comme sur l'autre la récolte s'annonce parfaitement. Il est vrai de dire pourtant, que le maïs est beaucoup plus beau et surtout plus gros sur un point que sur l'autre, et même sur le premier chaque tige porte deux et même jusqu'à trois épis, tandis que l'on n'en remarque qu'un généralement sur chaque pied de l'autre endroit. Or, il est à remarquer que cette année le maïs a généralement assez mal réussi dans les contrées où j'ai fait mes expériences, en sorte que si, comme j'ai lieu de l'espérer, le maïs que j'ai semé parvient à une bonne maturité, je ne puis plus conserver aucun doute sur l'efficacité du procédé dont vous êtes l'inventeur.

62

M. Z. TILLARD, neveu, à Saint-Germain-d'Hectot (Calvados).

12 *août* 1850. « Ayant été prévenu par le directeur, M. Roblin, que par suite d'une erreur, la société d'agriculture du Calvados n'avait chaulé la graine de sarrasin, qu'à raison de 13 francs par hectare, au lieu de 20 francs, nous avons eu soin de chauler à raison de 13 centimes par perche, et nous avons obtenu un plus beau résultat qu'avec les en-

grais ordinaires, dont la valeur et les frais sont beaucoup plus élevés.

« La hauteur de mon sarrasin est de près de trois pieds et la gros-seur est proportionnée.   « Signé : TILLARD. »

63

M. Henri BARLES, à Aix (Bouches-du-Rhône).

En juin dernier, j'étais tellement satisfait de la beauté de mes blés, ensemencés au système Bickès, que je crus devoir, dans l'intérêt de l'agriculture, faire connaître à des agronomes distingués tout ce qu'on pouvait attendre de ce système. A cet effet, je dressai un *certificat à la date du 13 juin,* constatant les divers ensemencements faits à l'aide dudit système, pour qu'en visitant mes blés ils eussent à se bien assurer de la vérité.

Aujourd'hui que plusieurs propriétaires sont venus me demander le rendement de ces blés, je crois devoir dresser le présent certificat pour constater la fin qu'ils ont faite et le rendement que j'en ai obtenu ; lequel est :

De 15 hectolitres de récolte pour 1 hectolitre de semence.

Mais comme j'ai semé à quatre époques différentes et sur des terrains dont une partie *n'avait pas reçu de labours préparatoires,* je dois donner le produit de chaque époque et surtout de chaque culture.

C'est ce que je vais essayer de faire d'une manière aussi précise que possible, en soumettant toutefois les diverses observations que j'ai faites relativement à la maturité et à la moisson.

J'ai observé :

1⁰ Qu'à la maturité, les blés ensemencés sans labours avaient souffert des grandes chaleurs, surtout ceux qui étaient clair-semés. Les tiges ne couvrant pas la terre, les chaleurs l'ont desséchée avant l'entière maturité du blé, tandis que ceux qui avaient été semés sur un meilleur labour ont mieux résisté à l'ardeur du soleil ; la grande quantité de tiges couvrant entièrement la terre, lui ont fait conserver plus longtemps sa fraîcheur.

N. B. — Que notre quartier a été soumis à la commune loi de cette année ; je veux dire que les blés ont craint les chaleurs sénégambiennes de juin-juillet ; comme dans bien d'autres localités, les plus beaux blés, les mieux semés, sont précisément ceux qui ont le plus souffert ; tandis que, pour les miens, c'est l'inverse qui est arrivé, les plus beaux ont mieux résisté, parce que leur beauté provenait du labour et non de la fumure (laquelle est la même pour tous labours, puisque c'est le grain qui la reçoit).

2⁰ Qu'à la moisson, ceux premièrement moissonnés sont :

1⁰ Le litre semé fin novembre sur un terrain qui avait produit des pommes de terre fumées à trou ;

Et la partie semée le 31 octobre, en y répandant de la colombine ;

2° L'autre partie, du 31 octobre, semée très-épais, sur du chaume sans labours;

Celui du 10 octobre, clair-semé, sur du chaume sans labours;

Et celui du 18 octobre, semé assez épais, sur du chaume rompu par une simple raie d'araire (petite charrue à semer).

Ce blé avait été semé à côté d'un champ dont une partie fut fumée et semée en blé, et l'autre partie, non fumée, semée en avoine. L'attraction atmosphérique lui a tellement été nuisible, qu'en avril il paraissait être le plus mesquin, quoique le terrain soit de bonne qualité. Je voulus alors, pour expérimenter, répandre de la colombine sur une partie et non sur l'autre; la partie qui reçut de la colombine a mieux prospéré que celle qui n'en avait pas reçu. Ce blé était inférieur à ceux sans labour et a le plus souffert des chaleurs.

3° Ceux semés le 18 octobre, assez épais, sur du guéret;

Le litre semé fin novembre, très-épais, dans un terrain argileux;

Et enfin ceux du 10 octobre, clair-semés, sur du chaume d'esparcette sans labour et sur du guéret d'été.

Ce dernier, du 10 octobre, sur le guéret, avait tellement tallé, que la partie semée à doubles sillons sur trois de la petite charrue, a produit d'un 6° à un 5° plus de gerbes que celle à tous les sillons, celle-ci d'un 20° plus que celle semée à la volée.

Voici maintenant le résultat du dépiquage par date d'ensemencement et par chaque culture.

SAVOIR :

No **1.** Ensemencement du 10 octobre, 100 *litres à l'hectare.*	Selon le système.	Chaume d'esparcette . 5 litres Guêret d'été. . . . . . 15 » Chaume de blé. . . . 20 »	rendement 600 litres ou 30 pour **1** dito 300 dito **15** » **1**
No **2.** Ensemencement du 18 octobre, 200 *litres à l'hectare.*	Selon la méthode ordinaire épais.	Guéret . , ... 20 » Chaume de blé . . . . 20 »	dito 240 dito **12** » **1** dito 160 dito **8** » **1**
No **3.** Ensemencement du 31 octobre, 300 *litres à l'hectare.*	Idem très épais.	Chaume de blé. . . . 20 »	dito 200 dito **10** » **1**

Moyenne sur 1 hectare.   Ces 100 lit. ont produit 1,500 lit. ou 15 hect. p^r 1

NOTA.—On voit au no 1 que l'ensemencement fait dans les conditions du système, a donné le double des autres expériences.

J'ai aussi récolté 2 doubles décalitres et un quart environ d'avoine, pour 1 litre que j'avais ensemencé les premiers jours d'avril. Les épis de cette avoine étaient plus longs que les tiges; les grains, par la couleur et la pesanteur, ressemblent à l'avoine première.

Outre toutes ces expériences sur les céréales, j'en ai fait d'autres sur les légumes, arbres et vignes :

1° J'ai semé des *petits pois* qui m'ont bien produit. Ils étaient aussi beaux que ceux que j'avais bien fumés;

2° Des *pois-chiches* qui m'ont très-bien réussi, tandis que ceux qui n'avaient pas été préparés n'ont pas réussi du tout;

3° J'ai planté des *fèves tardives* qui étaient aussi belles que les premières faites au fumier;

4° Des *pommes de terre* qui m'ont tout autant produit que celles bien fumées, quoique je n'eusse pas mis la quantité de poudre voulue;

5° Des *haricots blancs et noirs* (les noirs à longue cosse ou gousse), qui m'ont très-bien réussi dans des terrains frais et bien ameublés, et non dans ceux pierreux et secs. Ceux qui étaient les plus espacés les uns des autres étaient les plus beaux et d'une longue production. Les noirs sont encore en pleine production et d'une grande végétation;

6° Enfin sur des *courges, melons* et *pastèques.* Ces plantes, sur un terrain bien défoncé et fumé, prennent une plus belle végétation que celles qui ne reçoivent pas la préparation. J'ai obtenu des pastèques de plus de k. 8. J'ai des *courges* dites massenencques, exploitées ordinairement par nos jardiniers, dont les plantes, dans un terrain non arrosable, sans le secours d'aucune pluie, étaient dans une aussi belle végétation que dans les jardins, et le fruit d'une grosseur que je n'avais jamais pu obtenir ni vu dans aucun champ.

J'ai remarqué que les *arbres* plantés à ce système, sont d'une fort belle végétation, rapide et durable. et que ceux arrosés sont bien plus beaux que ceux qui ne l'ont pas été. J'ai des jeunes *poiriers*, dévorés par des chancres, qui m'ont donné des jeunes pousses de plus de 1 mètre, que j'arrêtais pour les forcer à pousser latéralement, *des mûriers malades, qui, au moyen d'un seul arrosement, ont poussé des branches aussi longues que celles des autres, avec des feuilles plus vertes et plus luisantes.*

Il en est de même de la *vigne,* que les ceps soient ou non enracinés, elle pousse vigoureusement. J'en ai planté deux houlières (allées) des uns et des autres, aucun n'a manqué. J'ai même remarqué que des ceps qui avaient été abandonnés sur la terre, et plus tard avaient été mis à tremper, puis préparés à la Bickès, et plantés dans un terrain moins bien cultivé, sont tous devenus tout aussi beaux que les autres. Les jeunes vignes de quelques années, arrosées, sont, même malgré la sécheresse, d'une fort belle végétation, aux feuilles larges, vertes et luisantes.

Je déclare être satisfait de tous mes essais, et principalement du rendement de mes blés, lesquels ayant plus ou moins souffert, comme ceux de notre quartier, ne me permettaient pas d'en attendre un aussi beau résultat, surtout sur le chaume sans labours.

Je déclare aussi n'avoir expérimenté l'engrais Bickès que dans mon intérêt personnel et non dans celui de ses inventeurs ou de ses ayant-droit ; car si j'avais cherché à servir l'intérêt de cette administration, au lieu d'ensemencer sur un terrain qui n'avait pas reçu de fumier depuis longtemps, et dont une partie n'avait pas reçu de labours préparatoires et qui était à sa troisième récolte de blé consécutive, sur une seule culture donnée à la houe ou au louchet, j'aurais au contraire choisi mes meilleurs terrains, les mieux cultivés, et alors j'aurais pu publier des résultats surprenants ; car il n'y a que les bons labours qui puissent, à l'aide de ce système, donner des résultats extraordinaires, surtout en ne chargeant pas trop de semence.

Délivré à M. Armieux, directeur pour la Provence et Aix, le 20 août 1850.

Signé Henri BARLES.

Je certifie que je me suis rendu, le 13 juin, sur la propriété de M. Henri Barles ; que les blés que j'ai visités m'ont été désignés tels que le mentionne le procès-verbal ci-dessus ; que, les ayant examinés attentivement et comparativement avec des blés appartenant à des propriétaires que l'on m'a dit n'avoir pas usé de la méthode Bickès, j'ai reconnu dans ceux de M. Barles une supériorité très-marquée de végétation, et un développement d'épis très-supérieur en longueur ; sans préjuger de la cause qui a pu produire l'état infiniment satisfaisant de ces blés, je dois à la vérité de dire qu'ils étaient de la plus belle espérance.

A la Montauroune, le 22 juillet 1850.

Signé P. DE BEC,
Directeur de l'école ferme-modèle du département des Bouches-du-Rhône, membre du comice agricole de Marseille.

Je soussigné, certifie la validité du procès-verbal de M. Henri Barles, et déclare avoir expérimenté moi-même l'engrais Bickès sur des haricots qui m'ont parfaitement réussi.

Aix, ce 24 juillet 1850.

Signé MICHEL,
Horticulteur, conseiller municipal d'Aix, membre du comice agricole de Marseille.

Je soussigné, certifie avoir visité les champs mentionnés au certificat délivré par M. Henri Barles, propriétaire, et que ledit certificat est conforme à la vérité.

Je certifie de plus avoir employé moi-même l'engrais Bickès à une plantation *d'acacias*, qui m'a parfaitement réussi.

Aix, le 25 juillet 1850.

Signé Camille BUCHET, propriétaire.

Afin de prouver sa satisfaction, M. Buchet vient de faire une commande de 400 fr. *La plantation d'acacias a été faite dans le roc taillé à pic.*

Du hameau de la Reizière, le 22 juillet 1850, à M. ARMIEUX,
à Aix.

Dans quinze jours je dois aller à Aix ; si vous êtes muni de poudre pour blé, j'en prendrai pour moi cinq hectares, et, de plus, cinq autres hectares pour mes amis.

Je vous autorise à ajouter ma signature au certificat que doit vous avoir délivré M. Barles, relativement à la beauté des blés faits au système Bickès, lesquels m'ont frappé d'étonnement par la hauteur et la beauté des épis. Mais, ce qui m'a fait le plus d'impression, c'est la vigueur des arbres fruitiers préparés à ce système ; c'était des pousses d'un mètre qui s'élevaient au milieu des branches *tortueuses et chancreuses*, et dont la végétation ne paraissait pas devoir s'arrêter là.

Aussi, à mon retour, j'ai préparé environ trente *mûriers* au système Bickès ; depuis ce procédé, d'un mois environ, je remarque à ces arbres une végétation rapide. Conséquemment, je vais employer à mes plantations toute la poudre pour arbres que vous m'avez remise. Ce sera un peu tard, à la vérité ; mais je pense que la poudre ne peut manquer de faire son effet en automne, et qu'au printemps ces arbres pousseront plus vigoureusement encore.

Je suis très-encouragé par le bon résultat de l'avoine que j'ai semée à ce système cette année-ci.

Semée au mois de mars, elle n'est sortie de terre qu'à la mi-avril, et je l'ai coupée fin juin : je n'avais jamais vu qu'en *deux mois et demi* on pût faire une récolte aussi heureuse que rapide.

Signé E. PHILIPPE,
Propriétaire au hameau de la Reizière, près Charlevel.

Je soussigné, certifie avoir visité la propriété de M. Barles et avoir reconnu la supériorité des blés semés au système Bickès sur ceux de ses voisins qui ont été semés par les procédés ordinaires.

J'ai observé chez lui des arbres fruitiers dont le pied était tout chancreux et dont les branches tortueuses constataient une maladie ancienne. L'application de cet engrais les a tellement ranimés qu'ils ont fait cette année de nouvelles tiges de un mètre de longueur.

J'ai de même admiré une plantation de vignes de cette année dont tous les plançons ont parfaitement réussi ; ils ont des pousses de quarante à cinquante centimètres de long.

Enfin j'ai vu des *pastèques* de huit kilogrammes, de beaux *melons*, de grosses *courges*, tout cela dans les champs non arrosables.

J'ai moi-même expérimenté l'engrais Bickès, à la fin de novembre 1849, sur une terre de troisième classe, ayant donné auparavant deux récoltes de blé, et sur un simple labour ; douze litres m'ont produit cent vingt litres, soit dix pour un. J'ai également semé des *pommes de terre* qui m'ont parfaitement réussi.

Aix, le 15 août 1850.

Signé NICOT, propriétaire.

Je soussigné, certifie que, sans pouvoir attester tout ce que dit

M. Barles de l'engrais Bickès, je puis affirmer que le blé qu'il a ensemencé à l'aide de ce même engrais m'a paru d'une grande supériorité
à tous ceux de ses voisins, qui ont été semés par les procédés ordinaires, soit par la vigueur et la longueur des tiges, soit par la beauté des
épis, sur lesquels j'ai compté jusqu'à *quatorze étages*, et chaque étage
portant jusqu'à *quatre grains*; en foi de quoi j'ai délivré la présente
attestation.

Aix, le 16 août 1850.

Signé GAS, ancien avocat.

Je certifie avoir visité, en compagnie de M. Gas, avocat, la propriété
de M. Barles, et avoir reconnu comme lui la supériorité des blés semés
au système Bickès sur ceux semés suivant les procédés ordinaires, le
tout suivant l'indication qui nous a été donnée par les journaliers de
M. Barles.

Aix, le 18 août 1850.

Signé VIAL, ancien avocat.

Je certifie que je me suis transporté sur la propriété de M. Barles, et
que là, ayant pu voir et apprécier par moi-même le beau résultat que
donne cet engrais, je vais immédiatement, en temps opportun, en faire
l'essai en grand. Voulant rendre justice à la vérité, j'ai cru devoir donner une pareille attestation pour que le sieur Armieux puisse s'en servir là où besoin sera.

Aix, le 19 août 1850.

Signé François MICHEL,

Propriétaire de la Burle, près la Pioline, terrains d'Aix.

Je soussigné, Granon, métayer de madame Guillibert, au Plan-d'Ail-
lanne, division de Mille-Terrain-d'Aix, déclare avoir vu le blé semé
par M. Barles avec la poudre Bickès quinze jours environ avant la moisson, et l'avoir trouvé d'une très-belle venue; il égalait le blé semé dans
les meilleures conditions de culture et de fumure: les épis étaient plus
gros. Il m'a paru seulement que la partie qui avait reçu moins de semence était exposé à mal grainer, parce que sa végétation trop vigoureuse pouvait l'empêcher d'arriver à maturité avant les fortes chaleurs.
Je pense qu'en mettant la quantité habituelle de semence on ne sera ; as
exposé à cet inconvénient (1); et, pour preuve de ce que j'ai vu, j'engage ma parole pour dix hectares.

Aix, ce 20 août 1850.

Signé GRANON, cadet.

Je soussigné Calier, fermier du Jeu-du-Mail, à Aix, déclare que, le
10 décembre 1849, mon métayer a semé du blé préparé au système
Bickès, sur un terrain de dernière qualité, appelé (saffre), *provenant
d'excavations*. J'ai voulu expérimenter cette poudre sur ce terrain non
ameubli et n'ayant jamais vu le soleil, et par conséquent très-âpre.

Ce blé n'est sorti qu'en février, très-vigoureux; il est bientôt devenu
aussi beau que celui semé deux mois auparavant et sur un meilleur terrain fumé; il a produit des épis très-longs.

(1) Il faut se conformer à ce qui a été dit au prospectus, au risque de n'avoir
que de l'herbe à récolter.

Je déclare en outre qu'en février 1850, mon métayer a également, sur ce même terrain de *saffre*, semé 10 *litres d'avoine qui ont produit* 260 *litres* (26 *pour* 1).

D'après ces résultats, je me propose cette année d'employer cette poudre fertilisante qui me sera d'un grand secours.

Aix, délivré au Jeu-du-Mail, où les épreuves ont été faites, ce 28 août 1850.

Signé CALIER, aubergiste.

Je vous informe que le blé que j'ai semé au système Bickès, à côté d'un ensemencement fait avec le tourteaux, est devenu tout aussi beau et a de plus beaux épis.

Je vous fais observer que j'ai semé *deux mois* plus tard que l'époque voulue.

Délivré à la colline du Montaignet, terrain d'Aix, ce 31 août 1850.

Signé Denis MICHEL.

Propriétaire, directeur de la Providence, compagnie d'assurance contre l'incendie.

NOTA. Il est à remarquer que l'ensemencement par le procédé Bickès n'est sorti que fin janvier, et que j'évalue le rendement à *un tiers* de plus qu'avec le tourteau.

Monsieur Armieux, vous me demandez ce que j'ai obtenu avec l'engrais Bickès, je me fais un devoir de vous en informer.

1° J'ai eu la curiosité de semer du blé en mars dernier, afin d'être fixé sur la force de cette poudre. Ce blé est sorti très-vigoureux, il a bien taillé; j'ai compté jusqu'à 10 tiges pour un grain. Mais les grandes chaleurs l'ayant surpris quand il venait de former son épis, il a craint complétement.

D'avance je m'attendais à ce qui est arrivé, car jamais on a vu, dans nos pays, qu'en trois mois on puisse semer et récolter du blé.

2° J'ai été plus heureux pour la *luzerne* qui est sortie comme il faut, et qui va prospérer en septembre : ainsi que pour les *mûriers* que j'ai fumés au système et sur lequel j'aperçois des feuilles plus larges qu'aux autres.

Fixé sur la force de cette poudre, je me propose cette année de vous en acheter pour blé.

A Aix, le 30 août 1850.   L'ÉCONOME DE LA MAISON SAINTE-CROIX.

NOTA. Il est hors de doute que la quantité de semence était trop *faible*.

Je soussigné, jardinier à la maison Carrée, déclare avoir expérimenté l'engrais Bickès sur 200 plantes de *céleri*, qui sont tout aussi beaux que ceux que j'ai bien fumés.

J'approuve cette poudre pour le jardinage.

Aix, le 16 août 1850.

Signé Louis MIHIÈRE.

Pezrolle, le 25 juillet 1850.

M. Armieux, directeur de la culture sans engrais à Aix, Bouches-du-Rhône.

La dernière fois que j'allai à Aix, je comptais vous voir, je n'en eus pas le temps. A la réception de votre lettre j'allais vous écrire pour vous informer de mes épreuves.

Les *haricots* que j'ai semés, d'après le système Bickès, sur un terrain d'où j'avais enlevé une pépinière de peupliers, par conséquent très-maigre, sont tout aussi beaux que ceux que j'ai faits sur un bon guéret, et avec du bon fumier ; les *pommes de terre* sont plus belles que celles que j'ai fumées.

A mon prochain voyage à Aix j'aurai l'avantage de vous voir ; nous causerons pour la poudre que je dois prendre pour ma consommation.

    Signé Sauveur MICHEL jeune, dit DE CALLISSANE, jardinier pépiniériste.

Nous soussignés, déclarons avoir semé, fin novembre 1849, *un double décalitre* de blé, dit blé meunier, au système Bickès, sur terre de troisième classe, n'ayant pas reçu d'engrais depuis longtemps. Ce blé n'est sorti qu'en février, très-vigoureux, et a bientôt eu atteint celui fait deux mois à l'avance et fumé avec des eaux-mères de la fabrication de salpêtrerie. Il est devenu d'un mètre 75 centimètres de hauteur, a eu *des épis de 13 centimètres en moyenne*, et de 9 à 12 *étages* de 3 *grains* chaque : le rendement a été de 31 *doubles décalitres*, plus de 35 pour 1. — Nous avons également semé en mars dernier 1 *double décalitre d'avoine* qui a produit 45 *pour* 1. — Tout cela sur simple guéret à la bêche. Enfin nous avons fait des semis *d'oignons* qui sont de belle espérance.

Aix, le 20 août 1850.

    Signé ARMIEUX frères.

M. le comte PORRO écrit d'Italie à M. Borrelly, ancien procureur général à la cour d'Aix (Bouches-du-Rhône), juillet 1850.

Le maïs que j'ai semé avec la poudre Bickès, que vous m'avez envoyée, est d'une belle venue.

Je veux expérimenter sur le blé, les légumes et la prairie ; envoyez-moi la poudre nécessaire ; si cette deuxième épreuve me réussit, je ferai avoir un brevet pour tenir un dépôt en Italie.

Je vous informe que les 300 plançons de choux que j'ai trempés dans le liquide Bickès, prennent un grand développement. J'ai eu le tort de mettre une partie sur une terre déjà fumée, ceux-là ont été retardés en partie à cause de la sécheresse et du manque d'eau pour les arroser. A présent, ils prennent une vigueur supérieure à celle de leurs confrères que j'ai mis à côté sur la même terre.

Ceux que j'ai échenillés en juin dernier, sur terre non fumée, bien qu'ils aient manqué d'eau, sont *trop vigoureux*, on aperçoit des feuilles presque noires, et ils sont très-gros.

Je vais mieux m'appliquer à suivre vos instructions, car je vois que cette poudre me sera d'un grand secours, et surtout d'une grande économie.

Je vous prie de mettre de côté deux paquets pour semer une charge de blé, car j'ai entendu dire par des cultivateurs que cette poudre a produit de beaux résultats.

A Aix, le 31 août 1850.

Signé COMTARD, jardinier.

M. CARTAIN du Chicot (Lot-et-Garonne).

Expérimentation faite par le soussigné :

Sur 94 arcs (terre médiocre), 80 lit. de blé ont produit 190 gerbes.
  » 26 » (terre de 2ᵉ classe), 20 »   »   »   65 »

Sur 120 arcs   —   100 »   »   »   255 gerbes

qui ont donné un rendement de 30 *hectolitres de blé, en qualité supérieure.*

Au Chicot, le 31 août 1850.

Signé Ant. CARTAIN.

64

M. FONTENILLES, à Agen (Lot-et-Garonne).

13 *août* 1850. « M. Amblard me dit qu'il a obtenu dix-sept pour un de semence par votre procédé. Il m'a fait observer que *la qualité était tellement supérieure qu'il conservait ce produit pour l'ensemencement prochain.*

65

M. AUDOUX, médecin, à Argenton-l'Eglise, près Thouars (Deux-Sèvres).

20 *août* 1850 (lettre communiquée). Parlons un peu du procédé de M. Bickès. Quand M. Dufaure passera, j'aurai à lui montrer des échantillons de chanvre de 5 mètres, et des pommes de terre remarquables de grosseur. M. Boux de Ferrière a mis en terre, bonne tout au plus à faire de la tuile, des *patates* par le nouveau procédé, sans aucune fumure : *deux pieds donnent un huitième d'hectolitre* d'énormes pommes de terre. Près de là, il en a semé d'autres dans un terrain meilleur, parfait, fumé, et il faut huit pieds pour la même mesure. Le chanvre se trouve chez le sieur Robic, à Glandes-de-Bouillé-Loret. En résumé, il faut dire aussi que M. Boux a fait ses ensemencements par un temps très-contraire, et malgré cela, les résultats sont attrayants.

66

M. TROJANO Lodovico, capitaine de la garde nationale de la Cité de Savigliano, près Turin.

Le 18 *août* 1850. « Je viens vous rendre compte de l'expérience faite avec la poudre que vous avez eu la bonté de m'expédier au mois de mai dernier pour la culture du maïs.

J'assure une très-belle réussite pour la récolte, la végétation est belle, la canne surpasse tout ce qu'on peut désirer, il y a généralement plus de quatre régimes sur chaque plante.

A l'automne, je vous donnerai de meilleurs renseignements. »

67

M. MOTTET, à Envermeu (Seine-Inférieure).

Le 29 *août* 1850. « Je vous adresse aujourd'hui les produits ci-joints en blé de mars et avoine : vous remarquerez que les grandes pluies ont beaucoup nui, et qu'il y a dix jours, l'avoine droite avait quatre pouces de plus. Les épis ont montré jusqu'à 134 grains. Semé trop serré, il s'y trouve pourtant encore des pieds de 6 et 8 tiges. Du trèfle non préparé, semé dans cette avoine, a 15 et 16 pouces de haut, et a dû nuire beaucoup au progrès.

Vous remarquerez que le blé de mars a jusqu'à 7 tiges sur un pied.

J'ajoute 3 feuilles d'artichaut de Radon, plantés depuis moins de deux mois, lesquelles, après huit jours de plantation, ont reçu un faible arrosement avec de la préparation.

Des essais sur maïs, tentés par M. de Villepoix, ont donné les résultats suivants :

Pieds préparés : *jusqu'à* 7 *et* 10 *gros épis.*

Dito engraissés avec tourteau de graine de colza : *jusqu'à* 2 *tiges et* 3 *épis.*

Pieds plantés sur terre ordinaire, dans un jardin : 1 *tige jusqu'à* 2 *épis.*

L'oignon *menace* de devenir très-gros.

Le frère de M. de Villepoix, pharmacien à Abbeville (Somme), qu a récolté la *moutarde* de 5 a 6 pieds de haut, n'a pu m'envoyer des tiges n'en ayant pas conservé. Il affirme que jamais il n'a vu cette plante acquérir un pareil développement. Les pépinières de *colza* sont admirables.

68

BLÉ DE MARS, préparé au système Bickès.

Sur une terre très-aride, de la plus mauvaise qualité, non fumée depuis 12 ans. En 1849, de l'orge y fut semée, non préparée, laquelle ne put épier. La terre avait reçu trois labours.

Cette année, après un seul labour, des *cribures* ont été semées, préparées, et ont produit ces échantillons (ils sont à Paris), qui ne le cèdent en rien au blé de mars non préparé, semé dans une terre de première classe, très-bien fumée, après des betteraves.

Certifié véritable, le 25 août 1850,

Le Maire d'Avesne,
Signé : de VILLEPOIX.

69

Avoine cultivée à Regniétuit, commune d'Avesne, canton d'Envermeu.

Dans un bon terrain, préparé par le système Bickès sémée beaucoup trop épaisse, 2 hectares environ sont semblables et admirés de tout le monde.

Des graines de *trèfle* non préparées ont poussé dans cette avoine, et la végétation a acquis un développement considérable.

L'avoine non préparée (terre fumée) a moins de grains et est de plus de 40 *centimètres* plus courte.

Certifié véritable, le 25 août 1850.

Le Maire d'Avesne,
Signé . de VILLEPOIX.

70

M. BERGERET, pharmacien à Rives (Isère).

28 *août* 1850. « Je ne puis, monsieur, vous donner encore des renseignements définitifs sur mes semis qui sont faits depuis trop peu de temps ; mais les témoignages que j'ai recueillis d'autre part, me font espérer que l'automne prochain verra votre système philanthropique triompher sur tous les points de la France.

Voici ce que m'écrit M. CORREARD, maire de Vinay :

« Mes haricots faits avec la poudre sont plus beaux infiniment que ceux faits avec le fumier ; ils sont tous chargés de fleurs et de fruits, leur élévation est admirable ; voilà un fait constant. Les pommes de terre promettent bien ; mais elles ne seront arrachées que plus tard. »

71

M. DEBEAUX, à Bordeaux (Gironde).

Le 26 *août* 1850. « J'ai des renseignements positifs au sujet d'une plantation d'herbacées, choux, etc., qui sont d'une végétation extraordinaire.

72

M. DEHU VAN GUELWE, Charleville (Ardennes).

Le 25 *août* 1850. M. Perotin-Andrieux, cultivateur à Monthoin, a obtenu de l'orge magnifique pour l'année, eu égard à la sécheresse. Avec moitié de semence, il a une empouille qui surpasse de beaucoup celle de ses voisins, la paille est plus haute, plus abondante, et les épis étant considérablement plus longs et mieux fournis, la récolte sera bien supérieure à celle qu'il a pu obtenir jusqu'à ce jour. »

M. Lallemand, à Bouconville, près Monthoir, a de l'orge qui, en moyenne, a 24 troches; c'est à-dire que des pieds ont trente brins et d'autres dix-huit.

M. Paris-Navarre, à Mouzon, a obtenu les résultats suivants :

Après avoir repiqué des melons provenant d'un jardinier qui les jugeait impropres à donner des produits, il les a arrosés avec la solution et a obtenu un melon qui, coupé avant sa maturité, pesait 5 kilogrammes, tandis que les plus beaux de ceux du jardinier pesaient à peine 1 kil. et demi.

Une vigne arrosée aussi avec la solution donne des feuilles telles que les deux qui se trouvent au fond du paquet que je remets pour vous aux Messageries nationales. Il y en a d'autres dans le même paquet provenant de mon jardin, mais elles ne sont pas aussi grandes que les premières, par cette raison que mon jardinier étant venu tailler mes vignes pendant mon absence, ne s'est pas fait scrupule de couper et jeter au fumier les feuilles les plus larges.

73

CERTIFICAT (Haute-Marne).

« Je certifie que l'avoine que j'ai ensemencée avec l'engrais Bickès, m'a fourni plus du double d'avoine que si je l'avais semée dans un champ bien fumé. Nous avons trouvé des tiges d'avoine qui portaient jusqu'à 4 pieds et 4 pieds et demie de hauteur, et les glands d'avoine avaient près d'un pied.

« *Signé* SENET,

cultivateur à Ville-Emblaisois, canton de Passy
(Haute-Marne). »

74

Monsieur,

Vous demandez des renseignements sur le procédé Bickès. Je suis content d'avoir de bons résultats à vous annoncer de tous ceux qui ont employé ce système. J'ai vu ces messieurs et ils sont tous satisfaits des résultats de leurs essais, et à l'avenir ils ne veulent employer que ce système. M. Bridier Théodore a employé cette poudre végétative sur des melons et jamais il n'a eu de melons de pareille grosseur, malgré les soins qu'il y portait les autres années, et d'une saveur que de longtemps il n'avait mangé des melons pareils; en outre il a essayé cette poudre sur des radis et navets qui ont très-bien réussi. Des pommes de terre semées à la Bickès, sans autre fumure, et à côté d'autres fumées à double, *il y en avait beaucoup de plus dans les Bickès que dans les autres.* — M. Roger a employé le système Bickès sur des pommes de terre et il n'avait jamais si bien réussi et il emploiera ce système encore l'année prochaine.

M. Hamon a employé la poudre Bickès sur des pommes de terre ; malgré la chaleur qu'elles ont rapporté et qui les avait près qu'brûlées totalement. Il a encore eu un rendement plus qu'à l'ordinaire, et il a trouvé jusqu'à 60 pommes de terre par pied, et si elles n'avaient pas été consommées par la chaleur, il aurait eu une récolte extraordinaire.

Mon beau-père a employé l'engrais chimique sur des pommes de terre dans un terrain frais, sans autre fumure, et il a récolté 10 hectolitres de pommes de terre énormes avec moins de 1|8 hectolitre de semence.

M. Desnous, à Glaude, a essayé le procédé chimique sur quatre graines de citrouilles qui ont produits des fruits de 50 kilog. la pièce, tandis que les autres graines n'ont produit des fruits que de 15 à 25 kilog.

Moi, aussi pour ma part, j'ai essayé la poudre végétative sur des melons, semés dans un terrain bêché le jour de la semaison, sans autre fumure que la poudre Bickès, empreignée sur les graines, et j'ai eu des fruits d'énorme grosseur et d'une saveur, qu'il ne s'en mange pas de pareils dans nos pays ; en outre, j'ai essayé l'engrais chimique sur des pommes de terre dans un champ, où il y a eu successivement des choux et des pommes de terre depuis six années consécutives, et depuis deux ans je ne récoltais pas beaucoup ; le rapport de ces plantes était ennuyeux. Par le procédé nouveau j'ai eu les deux tiers de plus que les années précédentes, malgré la rigueur du soleil qui les a brûlées huit jours avant que le fruit n'ait obtenu sa maturité.

J'ai semé du chanvre dans un terrain bêché une seule fois, et nous avons récolté du chanvre de deux mètres de hauteur. Dans un autre morceau, bêché la veille et applaussi qu'on ne pouvait seulement pas la semer, par rapport au plans ou herbe, si vous voulez ; mais cette fois il n'est pas venu très-beau, mais il est encore venu aussi beau comme dans les terrains de première classe, *cependant c'était un terrain de troisième classe.*

En foi de quoi ces messieurs ont signé avec moi. — Délivré à M. Jaquet Andams, sous-directeur du département des Deux-Sèvres ; Glaude de Bouillé-Lorez, ce 1850, signé Raby Conflans, T. Bridier, Roger, Lhomon, Desnons. — Pour la légalisation des signatures ci-dessus : *le maire,* signé, Brotteau, *adjoint.*   (L. L.)

Monsieur,

J'ai vu M. Gauron François, ainsi que M. Villin Jean, du Puy-Notre-Dame, ils m'ont dit qu'ils étaient très-satisfaits du procédé Bickès et des pommes de terre à la Bickès, plantées à côté d'autres pièces fortement fumées et que la différence était grandement visible. Ils ont semé en outre du chanvre qui a très-bien réussi, et cela dans un terrain de dernière classe. — Glaude de Bouillé-Lorez, le 14 novembre 1850. Signé, Raby Conflans.

Vu pour la légalisation de la signature du sieur Raby Conflans, apposée ci-dessus. Bouillé-Lorez, le 27 novembre. — *L'adjoint au maire,* Brotteau.   (L. L.)

75

Je soussigné, propriétaire et maire de la commune de Saint-Pierre de Fursac (Creuse), certifie avoir ensemencé au mois de juin dernier un hectare de sarrasin, dont la semence avait été préparée avec l'engrais Bickès, et dont la végétation et le rendement, qui n'avaient reçu aucune préparation, avaient été ensemencés sur une terre de même qualité, qui avait reçu une abondante fumure.

Au Peux, le 27 novembre 1850.   Signé Busson.

76

Je soussigné, ayant donné de l'engrais Bickès à mon colon, il l'a employé avec avantage dans un très-mauvais terrain semé de sarrasin; il a déclaré que la même semence faite avec du fumier ordinaire n'aurait pas mieux réussie. L'expérience date de l'année courante. — La Souterraine, le 25 novembre 1850.   Signé Lablanche.

Vu pour légalisation de la signature de Lablanche ci-dessus apposée.
La Souterraine, le 26 novembre 1850.

Le maire, M. al Mannuel d. (L. L.)

77

Monsieur,

Saint-Vinebauld, le 12 octobre 1850.

Au mois de juin dernier, j'ai commencé mes expériences sur l'emploi de votre poudre végétative. Je trouve les résultats excellents. Permettez-moi de vous en rendre compte et de vous en témoigner ma satisfaction.

Vers la fin d'avril 1850, j'ai défriché par un seul labour une terre calcaire des plus arides de la Champagne et abandonnée depuis plus d'un siècle par les propriétaires successifs qui en connaissaient par expérience la stérilité, devenue proverbiale.

Au 15 juin, très-tard comme vous le voyez, j'y ai semé à la herse seulement du sarrazin, soumis à la préparation de votre procédé chimique — pour servir de point de comparaison; une partie du même champ fut semée sans préparation de semence.

La sécheresse excessive qui durait alors et qui se prolongea, me fit désespérer de la germination de mon sarrasin et du résultat que j'attendais de mon expérimentation.

J'étais trop prompt à juger et condamner la Providence, car vinrent les pluies qui ne tardèrent pas à couvrir mon champ de verdure.

Et aujourd'hui, à mon grand étonnement, je trouve sur mon champ de sarrazin une plus belle venue et de beaucoup supérieure à celles du pays qui ont été semées dans d'excellentes conditions et mieux sur des terres fumées.

C

Ainsi, au coin de terre, où la semence n'a point subi de préparation, la plante est chétive ; la tige maigre et étiolée porte à peine quatre ou cinq bouquets de fleurs ou têtes de graines étiques et ne dépasse pas quinze à vingt centimètres de hauteur. Tandis que la terre qui a reçu la semence préparée me rend des pieds de sarrasin forts et bien nourris. J'en trouve qui portent jusqu'à douze branches et soixante-quinze bouquets de fleurs ou graines de belle qualité ; ces pieds n'ont pas moins de quatre-vingts centimètres de hauteur et trois centimètres et quelques millimètres de circonférence à la base.

Dans cette dernière partie de terrain se trouvent quelques tiges d'orge. J'en remarque de soixante-quinze à quatre-vingt centimètres de hauteur, portant huit épis de vingt-six à trente grains chacun.

On y rencontre aussi de magnifiques pieds d'avoine, dont un porte douze tiges, qui, le 20 septembre, s'élevaient à quatre-vingt-dix centimètres. Nous ne récoltons pas mieux dans nos terres qui portent deux cents doubles décalitres par hectare.

En un mot, pour qui connaît la terre, la récolte est fabuleuse ; moi-même, si je n'en étais témoin, je refuserais d'y croire.

Veuillez donc, monsieur, recevoir mon tribut des félicitations que cette précieuse découverte doit faire pleuvoir sur vous, nonobstant les incrédulités de nombreux agriculteurs arriérés.

En septembre, j'ai renouvelé mon expérience sur du seigle et en plus grande quantité, mais dans de moins mauvaises conditions. Je me plais à croire que je serai encore plus satisfait s'il est possible de l'être. Je m'empresserai de vous en rendre compte.

Aujourd'hui, je veux expérimenter sur le froment, et je viens vous prier de vouloir bien me faire parvenir par la personne chargée de cette lettre, deux paquets de vingt francs chacun, de votre poudre fertilisante applicable à ce grain et préparée pour une terre calcaire un peu sablonneuse. Cette personne est chargée de vous en remettre le prix.

Si, comme j'ai lieu de l'espérer, ma récolte en grain est proportionnée à celle du sarrasin, l'année prochaine je soumettrai à votre système d'engrais l'exploitation de vastes terres.

Je vous autorise à donner à cette lettre la publicité que vous jugerez convenable. Seulement, si vous en rendez compte dans un journal quelconque d'agriculture, je vous serais obligé de m'en faire parvenir un exemplaire. Au surplus, j'ai l'espoir de vous voir bientôt, dans le but de m'entretenir avec vous d'agriculture et de vous demander à être commissionné pour le placement de vos produits chimiques, ainsi que mon frère vous en a déjà parlé en vous demandant ma dernière fourniture. Je vous prie donc de ne pas disposer d'ici là, de cette mission dans le département de l'Aube, sans m'en donner avis, ma famille toute de propriétaires-agriculteurs, se trouve avantageusement posée pour faciliter et étendre le placement en question.

Je vous demande pardon d'écrire tout à la hâte. L'heure ne me permet pas de me relire.

Veuillez me faire l'honneur d'agréer, monsieur, mes civilités empressées et l'assurance de mon profond respect,

BONDARD,

à Saint-Vinebault, par Nogent et Ferreux (Aube).

78

La Souterraine, le 28 novembre 1850.

Mon cher monsieur,

Vous trouverez ci-joint quatre certificats faisant foi des résultats obtenus sur le sarrasin et les pommes de terre avec le précieux système de culture sans engrais.

Il y a jusqu'à présent, vous le verrez, un immense avantage, savoir : économie de fumure et de main-d'œuvre ; mais ce qu'il y a de plus important, de plus précieux encore, c'est la guérison de la pomme de terre.

Je dois partir pour Guéret. Il me tarde de savoir si l'expérience faite sur le blé par M. Cottens, a réussi aussi bien comme celle de Navarre. S'il en était ainsi, il n'en faudrait pas davantage pour propager à l'infini dans le département, malgré vent et marée, votre précieux système.

Tout à vous,   DE MONTMIRAIL.

79

Charleville, le 11 octobre 1850.

Monsieur Bickès, à Paris.

M. F. Lambarion, à Signy-le-Petit, m'écrit le 16 ce qui suit :

« M. Raimbeaux, de Signy-le-Petit, a semé des feverolles préparées au système Bickès et a remarqué une différence très-sensible avec celles semées sans engrais ; il n'a récolté que la graine en comparaison de la partie semée avec l'engrais chimique. »

Je vous envoie ci-inclus un certificat de M. Pierre-Jacques, jardinier à l'hôpital de Monzon, les résultats qu'il a obtenus sont vraiment magnifiques.

Agréez, etc.   Signé DEHU.

80

Je certifie que, ayant dans mon jardin plusieurs pieds de courges, cougourdes, autour du même arbrisseau, j'ai arrosé, une seule fois, un de ces pieds avec une très-petite quantité de poudre Bickès, dissoute dans trois ou quatre fois son volume d'eau, qu'environ huit à quinze jours après ce simple arrosage, la courge arrosée s'est élevée beaucoup au-dessus de celles qui sont à côté ; elle est parvenue à une hauteur d'environ deux mètres en plus, et elle a dans ce moment un fruit plus gros des deux tiers que le plus beau de ceux des autres pieds. Je ne puis attribuer à aucune autre cause qu'à l'effet de la poudre de M. Bickès, cette grande différence d'accroissement sur des placées dans les mêmes conditions, et la végétation était à peu près la même pour toutes avant le petit arrosage dont j'ai parlé.

Bouillé-Loret (Deux-Sèvres), le 21 septembre 1850.   E. Jacquet.

81

Je soussigné Michean Martial, propriétaire à Vareilles, canton de la Souterraine (Creuse), certifie m'être servi de la poudre de M. Bickès pour semer du sarrasin dans un très-mauvais terrain, et que la récolte en était du meilleur résultat.

Vareilles, le 6 septembre 1850.   Michean MARTIAL.

82

M. Paterre, meunier à Nauphle-le-Vieux (Seine-et-Oise), nous a fait voir une pièce de blé, faite par le procédé Bickès. Nous y avons trouvé jusqu'à dix-neuf tuyaux produits par un grain. Cette récolte est dans une terre argileuse, brûlante ; récolte en 1848, blé ; en 1849, avoine ; 1850, blé, culture sans engrais. Le tout sans aucun fumier.

La deuxième pièce dans une terre pareille, si ce n'est que la terre était à peine suffisante pour couvrir les pierres.

Résultats aussi beaux que dans la première, semence environ cent trente litres par hectare.

Le 1er juillet 1850.   Michault.

83

M. Belhomme de la Chapelle, commune de Nauphle-le-Vieux, déclare qu'il a ensemencé de l'avoine dans la plus mauvaise de ses terres. Dans celle qui a été ensemencée par le procédé Bickès, elle est beaucoup plus verte et très-remarquable au coup d'œil, et il déclare aussi que dans la terre à côté de celle de M. Bickès, il n'y avait pas eu de fumier avec le seigle qu'il y avait auparavant, qu'au lieu dans celle qu'il y avait à côté, le seigle qu'il y avait auparavant, avait été fumé. Dans le blé qui est à côté, il ne s'attendait pas à d'aussi beaux résultats ; il a été étonné de le voir aussi beau, et il y a un mois et demi il ne croyait pas qu'il aurait épis.

Belhomme, P. Baronnet, L. Michault (Seine-et-Oise.)

M. Ménard, meunier à Beynes, près Nauphle-le-Château (Seine-et-Oise), nous a déclaré avoir du blé avec la culture sans engrais, y avoir mis de la semence suivant l'instruction (100 l. par hectare). Sa récolte est aussi belle que celle des ensemencements faits au mode ordinaire avec deux cent cinquante litres de semence. Il est très-surpris de ce résultat, parce que cette pièce de terre avait produit l'an dernier sans fumure des betteraves qui ordinairement absorbent l'engrais qui reste dans la terre. Il nous a dit qu'aux semences prochaines il ferait des ensemencements avec ce procédé beaucoup plus forts.

29 juin 1850.   MICHAULT (Seine-et-Oise.)

84

Je trouve une différence sensible pour la beauté du blé que j'ai semé par votre procédé chimique d'avec celui que j'ai fait avec la fumure ordinaire. Celui que j'ai fait avec votre procédé est plus vert et les épis plus longs.

Langeais, le 12 juin 1850.

PRIMÉE, marchand de chanvre (Indre-et-Loire.)

85

M. Archer, meunier à Igneville, canton de Magny (Seine-et-Oise). L'orge qu'on a semé chez chez nous par le procédé Bickès est très-belle; s'il n'avait pas fait si sec, il y aurait eu à chaque pied de six à sept tuyaux; mais elle est très-verte, malgré la grande sécheresse, et il y a sur chaque pied de trois à cinq tuyaux. Celles avec la culture ordinaire ne sont pas si belles, je les ai examinées moi-même; déjà beaucoup de personnes m'ont dit qu'ils emploieraient votre système.

M. Bachaux fils, à Treil (Seine-et-Oise), le 2 juillet 1850. — J'ai vu des ensemencements qui ne sont pas ce qu'ils devaient être, mais les ensemencements ont été faits trop tard, mais il y avait beaucoup de différence avec la semence ordinaire.

M. Alex. Jean, cultivateur à Gonzandré, canton de Marine, est très-satisfait de ses ensemencements.

86

Année 1850, rapport des semailles faites dans le canton de Mouzon (Ardennes), d'après le système de culture sans engrais, procédé Bickès. — M. Hanotel, cultivateur au faubourg de Mouyon, a semé de l'avoine dans une pièce de terre qui n'avait pas reçu d'engrais depuis dix ans, et a obtenu un degré supérieur à côté de celle préparée avec du fumier ordinaire.

M. Conty-Blavier, cultivateur à Vilmontry, a semé de l'orge et du chanvre aussi avec le procédé Bickès, et a été parfaitement satisfait du résultat obtenu. Lui et presque tous les cultivateurs des environs ont fait des commandes assez fortes pour octobre.

M. Thomas Renel, à Emblemont, ayant semé de l'avoine, est très-satisfait du produit et fait de nouveau une commande pour octobre; il a reconnu des troches de dix-huit à vingt tiges par grain. — Malgré les chaleurs excessives, M Polson-Champeaux, propriétaire de Baumont, a aussi de l'orge magnifique; les paumes (épis), plus longues et le grain plus gros. — M. Parisse Navarre, de Mouzon, a obtenu des feuilles de vigne de vingt-huit centimètres de diamètre, un melon d'une grosseur extraordinaire pour le pays et d'une bonté rare, arrosé avec la solution de l'engrais chimique, procédé Bickès, des carottes, des betteraves bien supérieures qu'avec le fumier. Bref, toutes les personnes qui se sont servi de la poudre chimique de M. Bickès, lui reconnaissent une vertu supérieure au fumier. .

Fait à Mauzon, le 14 septembre 1850.   JESONNE HENRY.

P. S. Après la récolte des pommes de terre, je vous ferai mention de ces tubercules.

Meuzon (Ardennes), le 14 septembre 1850.   JESONNE.

87

Extrait d'une lettre de M. Dufaure de Montmirail à M. Andoux.

« J'ai remarqué hier, en passant dans un champ de blé, semé d'après le procédé Bickès, que chaque pied de semence avait déjà cinq ou six tiges et que les feuilles étaient plus larges que celles des grains non préparés. Il y a tout lieu de croire que les progrès de la culture seront encore plus sensibles dans deux ou trois mois. Désormais pour moi, et pour toutes les personnes sensées, la question de la culture sans engrais est résolue; il ne reste plus qu'à convaincre, par l'expérience, les gens inexpérimentés, pour faire triompher le système Bickès, qui est le seul qui puisse produire une amélioration notable de la propriété. — La Souterraine, le 13 novembre 1850.

DUFAURE DE MONTMIRAIL.

88

Aubigny, près Falaise, le 25 septembre 1850.

Monsieur Bickès, j'ai cru devoir vous donner connaissance des observations que j'ai faites depuis quelques jours; le mauvais temps a empêché les effets de vos poudres en plusieurs lieux; parmi les essais que j'ai faits, je puis citer les suivants : il faut remarquer que c'est le 8 juin que les premières poudres me sont arrivées.

1° Sur les melons j'ai mis sur un bon nombre de pieds de la poudre en liquide comme pour les arbres. Mes melons étaient très-beaux le jour où je remis à M. Robelin un petit mot que vous avez honoré de la publicité. Ce fut aux premiers jours de juillet que nous eûmes une trombe de vent glacial, suite d'une grêle qui a ruiné Lassay et trente-trois autres communes des environs. Tous les melons que ce vent a frappés sont morts dans leurs racines, la vie s'est conservée dans leurs feuilles, mais ils ont été trois semaines sans végétation. — M. Aumont, jardinier distingué, avait plus de deux cents pieds de melon, d'une espèce plus forte de moitié que les miens; Il attendait sept à huit cents melons, mais il n'en a pas eu la moitié de ce que j'ai eu, en proportion du nombre. Ils étaient moins gros que les miens qui, cependant étaient dans une position bien moins favorables. Les pieds qui ont eu de l'engrais Bickès ont tenu plus longtemps contre les gelées, qui ont tout dérobé dans les quinze jours que nous venons de traverser. — Il y en a encore des vivants. — J'ai eu aussi des potirons de trente kilo·grammes, personne n'en a de si beaux cette année.

2º J'ai planté un pêcher qui a une végétation curieuse et des feuilles de dix-huit centimètres de longueur, et d'une couleur presque noire. Il était très-chétif lors de la plantation. — J'ai eu sur de vieux pêchers des fruits plus beaux que d'ordinaire.

3º J'ai planté vingt poiriers, qui étaient assez chétifs. Ils sont verts maintenant et couverts de bourgeons pour l'an prochain.

4º J'ai des cerisiers qui ont fait des pousses de plus d'un mètre.

5º Une vigne a poussé un scion de quatre mètres et j'ai des chasselas de vingt-trois centimètres de longueur, vingt-huit centimètres de grosseur et trois cents grammes de pesanteur. Ce sont les plus belles d'Aubigny.

6º J'ai cueilli aujourd'hui des pois-haricots à fermier, qui ont quatorze centimètres de longueur et trois centimètres de grosseur, même quinze centimètres de longueur et quatre de grosseur, et enfin quinze centimètres de longueur et quatre centimètres cinq millimètres de grosseur. C'est étonnant avec les mauvais temps que nous avons eus.

Nos grosses fèves ayant été détruites par le puceron, à une autre année le rapport.

Succès obtenus depuis trois semaines par le curé d'Aubigny, membre des sociétés savantes, par l'emploi des poudres de M. Bickès :

1º Sur un melon cantaloup j'ai versé quatre centilitres de la composition mise en liquide. C'était le 8 juin dernier. La plante était un peu triste le jour suivant; le second jour elle était vigoureuse. Maintenant, elle est d'une luxurieuse venue; les bras, de trente et quelques centimètres d'étendue, avaient un pouce de grosseur.

2º Des graines de melon ont été arrangées selon la prescription de M. Bickès; quinze jours après, les plantes étaient deux fois plus fortes que celles qui n'avaient point eu de préparation.

3º Sur de grosses fèves, les pieds qui ont reçu la préparation, ont six à huit centimètres de hauteur au-dessus des autres. — Je donnerai bientôt d'autres détails.

NOGET, membre de la société d'agriculture de Caen
et de plusieurs autres sociétés. Médaillé par le gou-
vernement pour la culture du melon.

A Caen, le 28 juin 1850, après une inspection aux environs de Lisieux, sur beaucoup de plantes de melon de 2, 3, et même encore plus de pieds à la fois, dont la venue est admirable.

89

Extrait d'une lettre de M. Noget, curé d'Aubigné à MM. Roblin et Tillon, à Caen, en date du 12 octobre 1850 :

Rassurons-nous, messieurs, il y a partout du succès, même dans le Calvados, à la barbe des incrédules.

Les haricots placés sur le bord de la route de Falaise à Caen, semés le 20 juin dernier, ont été admirables, quoique dans un terrain qui depuis sept ans n'avait eu aucun engrais. Ils sont cueillis d'hier. Les gousses et les graines sont plus belles que celles de mon jardin ; rien pourtant ne venait sur ce terrain.

Ma vigne est d'une vigueur admirable, le raisin tout à fait beau, une espèce précoce, qui seule a bien mûrie cette année, était exquise. Une pousse de vigne a près de cinq mètres de longueur ; je la conserverai pour qu'on puisse la voir toute l'année. — Un misérable abricotier, depuis trois ans, n'avait pas poussé cinquante centimètres de longueur, quoique replanté cette année. Il a fait plus d'un mètre de pousse ; il végète encore. — Mes poiriers ont la feuille presque ronde, d'un vert foncé, les fruits sont meilleurs que les autres années. Mes pêchers sont superbes, les fruits n'ont pas eu besoin de sucre. Un petit pêcher rabougri a pris une nouvelle vie ; j'en suis étonné. — Mes cerisiers ont une vigueur inaccoutumée. Les fruits ont été admirés par leur beauté.

Faut-il que le manque d'engrais convenable m'ait empêché d'essayer sur la pomme de terre, sur la betterave, sur les carottes et bien d'autres choses ? — A l'an prochain. — Adieu, messieurs, les difficultés n'empêcheront pas la réussite de l'admirable invention de M. Bickès. — Elle vaut mieux que les mines de la Californie. — Tout à vous, tout dévoué à notre immortel inventeur. NOGET, curé d'Aubigny.

90

Je ne puis encore vous parler que très-peu des essais faits en septembre et octobre sur seigle et froment, attendu que je veux voir de quelle manière les plantes vont se développer au printemps. J'ai bon espoir, car je remarque dans la racine des plantes préparées par votre procédé, un chevelu très-épais ; elles sont ligneuses et longues, le brin ou corps de la plante est fort et vigoureux, bien nourri, ce qui me fait espérer que j'aurai parfaitement réussi.

Sur des pieds de seigle non préparé, j'ai compté jusqu'à cinq tiges naissantes, et sur ceux préparés (même champ), j'en ai compté jusqu'à douze, et ceux-là ne sont pas rares. Partout où j'ai essayé votre poudre, je n'ai pas fumé avec d'autres engrais.

Saint-Vincebault, le 13 février 1850. BONDARD.

91

Je soussigné, propriétaire à Sainte-Croix-les-Lemons (Sarthe), certifie que j'ai semé du blé préparé avec l'engrais Bickès, et, conformément à ses instructions, dans du sable fin tiré d'un puits, et placé à la surface du sol sur une épaisseur d'environ vingt centimètres, et qu'il n'y avait pas de meilleur blé dans les meilleures terres de Mans, et de l'orge préparé avec le même engrais dans un terrain sableux. J'ai obtenu une récolte d'expérience qui présente des rales en blé de dix à douze tiges, et en orge de quarante à cinquante.

En foi de quoi j'ai signé le présent certificat, comme constatant la plus exacte vérité, et à l'appui duquel j'ai adressé à M. Bickès des échantillons en nature. — A Sainte-Croix-les-Le-Mons, le 20 août 1850.   FLEURY.

Vu pour légalisation de la signature Fleury. — Sainte-Croix, le 23 août 1850.   OLENTIER, adjoint.   (L. S.)

92

Je soussigné, cultivateur à Morgatan, commune de Ceton, département de l'Orne, certifie que j'ai semé un arpent de bonne terre, en deux parties égales, — une moitié fumée ordinairement, et l'autre moitié semée avec du grain préparé avec l'engrais Bickès. — Or, la récolte des deux blés était parfaitement aussi belle l'une que l'autre en paille et en grains. — C'est pourquoi j'ai signé la présente attestation comme conforme à la vérité.

A Morgatan, le 21 août 1850.   DÉSIRÉ MÉLIAND.

Vu pour légalisation de la signature de Désiré Méliand, domicilié en cette commune, par nous, maire de cette commune.

COURTOIS.   (L. S.)

93

Rives, le 24 février.

Je viens de recevoir à l'instant (24 février), une lettre de M. Marmy, gérant des propriétés de M. Conéau, dont je vous donne un extrait : « Les résultats obtenus l'année dernière ont été satisfaisants, surtout en *haricots* et *pommes de terre;* les résultats en pommes de terre seraient fabuleux, si au lieu de sécher les tubercules dans la cendre tramisée, on les avait séchés dans la poudre comme vous l'indiquez pour la graine de garance; je fis cette épreuve l'année dernière sur quelques plantes; la moindre eut plus de trente tubercules et tous très-gros ; — nos haricots firent l'admiration de tous ceux qui les virent. Voilà, monsieur, pour l'année dernière; quant à nos espérances de cette année, elles s'annoncent bien ; nos blés sont de toute beauté, beaucoup plus beaux que ceux ensemencés avec le fumier. Il est vrai que nos pommes de terre ne sont point gâtées cette année.

Agréez mes salutations empressées.   BERGERET.

94

Meaux, le 31 mars 1851.

Monsieur, j'ai soigné moi-même la semence, les blés sont venus et paraissent au moment présent d'un vert foncé et promettent ; c'est ce qui sera bien si cela se soutient. — Mais nous avons beaucoup de peine pour déterminer nos marottes de cultivateurs, car ils ne veulent point se persuader qu'on puisse rien faire venir sans fumer avec des fumiers ordinaires.

Aujourd'hui, je désire continuer l'épreuve de votre engrais pour les semences de la saison, en pommes de terre, blé de Turquie et blé noir (sarrasin.)

Vous voudrez bien m'envoyer ces engrais avec instruction.

SACHIER père, avocat.

95

Avignon, le 30 janvier 1851.

Monsieur Bickès, fondateur de la culture sans engrais, à Paris :

Je vous renouvelle que je suis plus qu'encouragé, j'espère que je recevrai au plus tôt la poudre dont j'ai besoin. Mon ami est toujours dans la même volonté; son sainfoin a parfaitement bien réussi, il est magnifique, aussi est-il encouragé. — L'esprit est que votre engrais est bon, quoique les propriétaires aient été tellement dupés par un grand nombre de filous, qu'ils ont toujours peur d'y retomber ; malgré cela, comme je vous le dis, l'esprit est que votre système est bon. N'oubliez pas de m'instruire de l'application de l'engrais aux luzernes, spécialement à celles qui sont en activité. MANNIVET.

96

Dormans, à Marne, avril 1851.

Suivant lettre, envoyez deux plantes de froment, l'une de trente et l'autre de quatre-vingts tiges. LESAINT.

97

Savigliano, Sardaigne, mai 1851.

Je vous assure que votre système commence à prendre bonne idée, parce que le froment fait beaucoup de tiges, comme vous me l'avez annoncé aussi. — Pour l'automne, j'espère avoir à vous donner de fortes commandes. TROJANO LUDOVICA,

Capitaine de la garde nationale.

98

Agen (Lot-et-Garonne), mai 1851.

Je sors de chez l'imprimeur pour faire insérer un article vous concernant, et je dois dire que la récolte des blés est des plus florissantes et plusieurs propriétaires dans l'enchantement. FONTENILLES.

99

Aubigny (Calvados), mai 1851.

Le froment montre quinze, vingt et vingt-cinq tiges sur un pied.

100

Dormans, à Garne, mai 1851.

Je suis heureux de vous annoncer que votre système fait des progrès miraculeux et le paysan est impatient de voir la moisson, il n'y a que cette preuve qui finira par triompher de l'incrédulité du paysan.

Nous marchons vers le progrès, le succès nous est assuré, et nous arborerons dans quelque temps l'étendard de la victoire industrielle; allons, marchons ; quoiqu'en disent vos concurrents, la terre renferme dans son sein, dès ce moment, une Californie.　　　LESAINT fils.

101

Doulevant-le-Château (Haute-Marne), mai 1851.

Nos ensemensements sont en général superbes.　　　ROLET.

102

Mazerolles, Vienne, juin 1851.

J'ai une heureuse nouvelle à vous annoncer. — Le blé semé avec votre procédé est devenu très-vert depuis une quinzaine de jours, dans plusieurs localités, il est même supérieur au blé fumé; chez un de mes voisins, il dépasse beaucoup le blé fumé, quoique ce dernier ait été supérieur en hiver. — Les personnes qui faisaient des reproches sont venues me dire qu'elles reconnaissent maintenant la qualité de la poudre, et que si leur blé n'avait pas été beau en hiver, c'était qu'elles avaient semé un peu tard. — Elles sont bien disposées cette année à suivre en tout point vos instructions sur l'époque des semailles.

La commission générale du département doit venir dans ce mois à Mazerolles pour juger le concours sur l'engrais et le mentionner honorablement dans son rapport.

103

Argueil (Seine-Inférieure), juillet 1851.

M. Delamarre, propriétaire, a du blé magnifique, sur un décompart d'avoine sans fumier.　　　CACLARD,
Chevalier de la Légion-d'Honneur.

104

Aubigny (Calvados). août 1851.

Avoine, seigle et froment 20, 30 à 35 épis sur un pied. — J'en conserve des plantes pour les montrer aux curieux et pour juger du terrain qui les a produit. J'ai eu l'audace de me présenter à la ferme-modèle avec des blés beaux et bien taillés. — Nos efforts seront récompensés et les ennemis en seront pour leur défaite; c'est ce qu'ils méritent; que de mal on m'a dit de vous ! Que d'injures j'ai reçus ! Oh ! race humaine, que tu es ingrate ! Je vous dirai qu'il n'est pas d'heure dans le jour que je ne pense à vous, à votre culture, aux désagréments que vous éprouvez. Dites-moi ce qu'est devenu la tracasserie des procédés du rapport Payen, etc. — Je vous recommande à Dieu.

Abbé NOGET, desservant d'Aubigny.

105

Paris, 14 novembre 1850.

Monsieur Bickès,

J'ai le plus grand plaisir à vous apprendre que les pommes de terre plantées le 1er septembre dernier dans le plus mauvais terrain de la propriété de ma sœur (madame la duchesse de Grammont), à Chambourcy (près Saint-Germain), sont déjà assez grosses pour être mangées. Le peuplier qui a été transplanté et copieusement arrosé par votre solution, est aujourd'hui le seul du pays qui ait encore dans ce moment des feuilles vertes comme au printemps.

Vous devez être satisfait, car nous le sommes complètement. Votre dévoué, Comte d'ORSAY.

106

Je soussigné Georges, jardinier de madame la duchesse de Grammont, certifie que j'ai semé, le 4 novembre 1850, au système Bickès, de la vesce et du seigle dans un terrain de sable brûlant, où il n'y avait pas de fumier depuis deux ans, la vesce a dépassé quatre pieds et demi de hauteur, le seigle, six pieds bien vert et bien poussant, la vesce et le seigle ont été coupés du 15 au 30 mai comme fourrage vert pour les animaux. Chambourcy, près Saint-Germain, le 31 mai 1851.

Signé GEORGES.

Je certifie, en outre, que j'ai également semé du seigle seul, le 4 novembre 1850, que le seigle a été semé dans un mauvais sable longeant une ancienne châtaigneraie, que ce sable est envahi par les racines des châtaigniers; le seigle a été semé au système Bickès, il dépasse, au 30 mai, six pieds de haut avec épis de 7 pouces longs ; je crois que le seigle n'a pas encore atteint sa hauteur, il pousse bien vert.

Chambourcy, le 31 mai 1851, signé GEORGES.

J'ai, en outre, semé des petits pois dans du sable au système Bickès, ils sont beaucop plus forts que ceux que j'ai semés dans du bon terrain bien fumé. Chambourcy, le 31 mai 1851, signé GEORGES.

107

Messieurs les membres de la société d'agriculture de Falaise, réunis le 17 août dernier, je viens de lire un article inséré dans le journal de Falaise, le 29 août dans lequel j'ai vu comment on a reçu le rapport que M. Lair, secrétaire de la société d'agriculture de Caen m'avait chargé de faire, et je réclame contre l'interprétation que vous avez donnée à ce rapport : je maintiens ce que j'y ai dit, et je soutiens que les poudres Bickès peuvent avoir de bons effets; mais elles ne le peuvent quand elles sont employées trop tard, car alors elles n'ont pas le temps de produire un tallage considérable, ce qui a lieu quand on sème par beau temps, en septembre et octobre ; on voit alors 8, 10, 12, 15 tiges sur un même pied, et cela avant Noël ; aux mois de mars, avril et mai, chaque tige se multiplie encore, et il n'est pas rare de trouver 20, 30, 40 épis et plus sur le même pied. Quand on sème pendant les pluies, les graines perdent les poudres qui les entourent et ne peuvent bien réussir.

Messieurs les membres qui ont demandé la parole ont été trompés, dans les poudres qu'ils ont employées, ou ont fait des fautes dans leurs cultures, car, ce qui a réussi des milliers de fois dans de nombreuses localités, ce que j'ai fait réussir plus de 50 fois en 1850 et 1851, ne peut manquer sans des fautes ou de mauvaises poudres. Quant à ce qu'ont pensé, à l'unanimité. les membres de la société, qu'il faut attribuer à d'autres causes les bons effets contenus dans mon rapport, je puis vous assurer, Messieurs, qu'ayant été prié, le 7 septembre 1850, par M. Bickès, de faire prendre son système de culture dans nos contrées, j'ai accepté son offre et ai très-scrupuleusement exécuté son système que j'ai profondément étudié. J'ai praliné les semences et les ai données à différentes personnes pour qu'elles les sèment elles-mêmes. D'autres ont praliné leurs semences et les ont mises en terre ; M. Lebourgeois, à Longpré, M. D'Aïcourt, à Bons, ont préparé et semé leurs seigle, froment et avoine, et ces messieurs m'ont donné des plantes pour vous convaincre de leurs succès.

M. Aumont, jardinier au château d'Aubigny, a reçu de moi de quoi ensemencer un are de froment, il a répandu ses grains sur un terrain sans fumier et a hersé ; venez voir quel froment il a récolté? Je l'ai acheté pour vous le faire voir, il est le plus beau de la paroisse; je l'ai arraché pour que l'on voie le tallage. Je puis vous montrer, venus sur le terrain de diverses personnes, du froment, du seigle, de l'avoine, de l'orge, du sarrasin, des porreaux, des oignons, des carottes, des pommes de terre, des vignes, des poiriers, des cerisiers, etc., etc.

Venez donc voir, Messieurs, autrement, bientôt nos enfants, jouissant de la découverte Bickès, nous blâmeront, et avec justice. Ce n'est pas pour arrêter le progrès que vous êtes réunis en société : Je vous le jure par mon expérience, Bickès triomphera, ainsi que ses imitateurs.

J'ai éprouvé leurs poudres, j'en sais les bons effets.

Je suis, Messieurs et chers collègues, tout à vous,

Le 6 septembre 1851. **Noget,**

Desservant à Aubigny (Calvados).

108

Nous soussignés, certifions que l'engrais Bickès, employé même très-tard, au commencement de novembre, a pourtant eu des résultats tout à fait avantageux avec les 3/4 de la semence. Le blé semé ainsi, dans une terre bien préparée sans fumure, a surpassé, par la hauteur de la tige et la grosseur des épis, l'autre blé, semé en terrain de même nature, mais fumé.

Il est probable que s'il avait été semé plus tôt, selon les instructions de l'inventeur, la moitié de la semence aurait suffi.

Sans vouloir déprécier l'engrais de la fumure ordinaire dont les parties se décomposent dans le sol, doivent servir à s'ameublir et à le rendre plus spongieux, nous aimons, néanmoins, à rendre hommage à la vérité, en constatant un véritable succès au nouvel engrais Bickès, et à témoigner à l'inventeur notre sincère gratitude, pour ce nouveau tribut apporté au progrès. Quant aux sociétés savantes qui n'ont vu dans cet engrais qu'un excellent chaulage, ne dispensant nullement de fumure, nous ne doutons pas qu'elles se voient obligées, à force d'expériences, de lui rendre un plus favorable témoignage.

Sébécourt (Eure), le 1er août.

L'abbé **Touchard**, curé.
Leblanc, curé de Romilly-la-Pattenaye.
Dessaux, cultivateur à Romilly.
Olivier, propriétaire à Sébécourt.
Lacour, propriétaire.

109

RÉSULTATS DU MIDI (1851).

Rapport de M. Audoux.

J'ai eu l'honneur d'envoyer un aperçu de ce que j'ai eu et vu à la Souterraine, à Aix et à Avignon. Je serais bien heureux que vous l'ayez ; cependant, voici, en abrégé, ce que je puis affirmer et ce que chacun a vu.

J'ai récolt' le blé semé en 1850 par le jardinier de la ville (jardin public d'Aix). Ce blé, préparé suivant votre système (Bickès), a été mis dans des trous, grain par grain, et a donné le résultat suivant :

Sur 300 grains semés, plus de 200 pieds donnaient le résultat que voici : les moindres pieds avaient 50 tiges et les plus forts 161. Ces derniers pieds avaient plus de 140 épis, dont les plus petits avaient 15 centimètres et les plus grands 24 centimètres de longueur.

Cela parut si extraordinaire aux amateurs et cultivateurs, qu'on vola beaucoup de ces épis avant la maturité, et après, moi-même j'en donnais à diverses personnes *et surtout à différents prêtres*. C'est surtout d'un blé dont l'épi est gros comme un œuf et à l'entour duquel il en est poussé 15 ou 20 petits autres, qu'on dévastait ; cependant j'avais de tous.

Ces plantes, au moins 200 pieds jugez de la lourdeur du volume, puisque l'homme qui le porta fut obligé de faire trois voyages.

La hauteur des tiges était de 2 à 2 mètres 5 centimètres, fortes et droites ; les épis eurent, comme je vous le dis, 15 à 20 centimètres ; plus de 150 de ces pieds passaient 85 tiges.

Il y avait à peu près 60 pieds de 10 à 37 épis. La paille était grosse comme des roseaux, peu propre à la litière ou aux couvertures. Quand je dis comme des roseaux, de ceux gros comme le petit doigt.

Des fleurs ont été bien plus belles qu'avant et avec le fumier. Quelques arbres souffrants furent sauvés au moyen de la poudre.

Des arbres, sur le rocher d'Avignon, condamnés à être arrachés, ont été sauvés au moyen d'une dose de votre poudre, etc., etc. Si je pouvais tout vous dire, je n'en finirais pas.

J'ai remarqué aussi souvent des non-réussites, mais en se faisant expliquer la manière de s'en servir, on reconnaissait, ou qu'on avait mis trop d'eau ou trop de semence pour la poudre à employer.

Enfin, Monsieur, je puis vous assurer que je ne doute pas de la bonté de votre sublime découverte. J'en ai des preuves irrécusables.

Si vous avez besoin d'autres renseignements, soyez assez bon pour me le dire.

B. Du blé mentionné ci-dessus, nous pouvons montrer des échantillons dans notre bureau.

110

La Blotière-Vendée, le 24 septembre 1849.

Monsieur Reau fils, marchand grainetier à Paris.

Je m'empresse de répondre à votre lettre du 14 septembre que je reçois à l'instant.

L'engrais Bickès m'a parfaitement réussi sur des carottes champêtres.

Aujourd'hui, je fais du seigle préparé avec le même engrais ; s'il vous convient de connaître les résultats de cet essai, je suis tout à vos ordres. Signé, de Théronneau.

111

Copie de la lettre adressée par madame veuve Moutier de Niderviller (Meurthe), le 29 janvier 1850, à M. Lebray de Ceton (Orne).

Monsieur,

Pour satisfaire à vos désirs, je vais vous donner les résultats obtenus en 1849 au moyen du procédé Bickès, que vous pourrez apprécier.

En 1849, au mois de mai, seulement, j'ai semé sur 10 ares 20 litres d'avoine qui ont produit un rendement, en mauvaise terre, de 225 litres. En 1849, j'ai semé, tardivement encore, un hectolitre de pommes de terre qui a rendu, en mauvaise terre, 6 hectolitres ; vous faisant observer que le rendement aurait été plus considérable, mais la terre était tellement dure que la végétation en a été fortement affectée.

J'ai semé, en automne dernier, du blé, et s'il vous était agréable d'en connaître le résultat, je m'empresserai de le faire.

Une première expérimentation ne me paraissant pas suffisante pour vous convaincre et vous engager à cultiver la quantité de 15 hectares, ainsi, écrivez-moi quand il sera temps de semer le blé cette année, et je vous répondrai. Je planterai aussi, cette année, 40 ares de pommes de terre et vous ferai aussi connaître les résultats ; ce qu'il y a de positif, c'est que la poudre végétative préparée par M. Bickès, agit avec beaucoup d'énergie sur les plantes ; je vous dirai que les blés sont moins faciles à se coucher quand ils sont un peu épais, car j'ai remarqué que les tiges de l'avoine étaient dures comme du bois et présentaient une solidité très remarquable ; dans tous les cas, je vous conseille de ne pas trop divulguer les avantages d'une pareille découverte, car, à mon avis, les bénéfices qu'elle doit procurer seraient nuls si le procédé Bickès était généralement adopté. J'ai l'honneur, etc.

112

Copie de la lettre adressée le 3 février 1850, par M. Benjamen Bouland, d'Yvoy, à M. Lebray, cultivateur à Céton (Orne).

« Monsieur,

« Vous me demandez, par votre lettre, des renseignements sur les engrais de M. Bickès, dont j'ai fait l'essai sur une récolte de seigle qui a très-bien fait : j'ai récolté, dans un hectare, 400 gerbes où j'en recueillais autrefois 200, fumé avec les engrais faits chez moi. J'en fais l'essai, cette année, pour la seconde fois. Je désire qu'il prospère dans votre pays comme dans notre Sologne. J'ai, etc., etc.

113

A la Bayette, près Toulon, juillet 1853.

Propriété de madame Christophe Colomb, extrait de ses lettres à son fils, M. Christophe Colomb, à Paris.

26 avril.

« Par suite de la sécheresse, les blés, en général, souffrent énormément, et jamais la récolte ne s'est montrée sous de plus mauvais auspices, les tiges sont jaunes, le tout est pointu, étiolé, rachitique, etc.

« Le blé préparé par le système Bickès et semé dans un petit champ isolé le 5 janvier seulement, c'est-à-dire deux mois après les autres blés, se comporte assez bien, il est grappé (tallé) et vert. »

3 mai.

« Le blé Bickès est toujours bien vert, tandis que tous les autres sont généralement maigrelets et atteints de rachitisme. »

31 mai.

« Le blé Bickès est toujours bien vert, sa tige est beaucoup plus grosse et la feuille plus large que dans les blés semés par nos procédés ordinaires. »

10 juin.

« Le mauvais temps nous a enlevé beaucoup de blé, il en est dont l'état fait pleurer. Le blé Bickès est bien vert. »

21 juin.

« Les pommes de terre viennent avec beaucoup de force et sont bien vertes ; les melons ont quelques feuilles ; les pommes d'amour sont également fort belles. — Les haricots blancs et noirs sont aussi fort jolis, nous n'en avons jamais eu d'aussi beaux. — Propriété possédée depuis 40 ans. — La terre végétale est très-faible, qui couvre les rochers de schistes talqueux, etc. — Le maïs est beau. »

5 juillet.

« Le blé Bickès est encore un peu vert, il y a des tiges qui ont un mètre et demi. Depuis que ma tante Marie est ici, elle n'a cessé d'aller visiter le blé Bickès, ainsi que les haricots, pommes d'amour, pommes de terre, melons, etc. ; rien n'approche au vert et à la force de toutes ces plantes, mises, cependant, si tard en terre. Comme j'en juge moi-

7

même, par leur développement journalier, elle me dit : — On voit tout
cela croître en le regardant.

« Nous avons des plantes de blé ci-dessus dont les épis ont le double
des autres du pays, comme nous pouvons montrer un échantillon. »

114

Paris, 11 septembre 1853.

M. l'abbé Granjard, de l'Aisne, à M. Leroy.

« Je m'empresse de vous annoncer que les pommes de terre, que j'ai
fait planter avec la poudre Bickès, sont très-belles et sans être atteintes
le moins du monde de la maladie, mais sont toutes mal partout ailleurs,
et que le maïs, semé également avec la poudre, est d'une telle beauté et
grosseur, qu'il fait l'admiration de tous ceux qui le voient et qu'il attire
une foule de curieux.

« Je vous envoie ces renseignements, parce que je sais qu'ils vous
feront plaisir. »

115

Nos matières sont trop volumineuses pour que nous voulions mettre
toutes celles dans lesquelles on nous a donné les titres les plus précieux ;
nous finirons par un article de la *Liberté* de février 1850, signé Para-
dis :

« Mais à quoi bon chercher si loin une nouvelle Europe et une nouvelle France. Les ressources infinies du génie pourraient nous créer une
nouvelle patrie, si nous savions l'encourager dignement, c'est-à-dire si
nous savions lui assurer la propriété de ses œuvres, seul récompense
digne de lui. Pour montrer que le domaine intellectuel est aussi vaste
que le domaine physique est borné, prenons un exemple. — M. Bickès
a une méthode d'engrais qui, tant par l'économie de la main-d'œuvre,
que par l'abondance des produits, double le revenu net de la terre, et
qui rend propres à la culture des millions d'hectares, qui lui étaient impropres dans l'état actuel de l'art agricole. Dans cette méthode, le fumier, au lieu d'être répandu sur le sol, est employé sous la forme d'une
pâte, dans laquelle on praline les semences, de sorte que chaque graine
porte avec elle tous les éléments de son développement futur, indépendant de la nature du sol qui la reçoit. Ainsi, les terres sablonneuses,
les landes, nos dunes, pourront, à leur tour, devenir fertiles et pour-
voir aux besoins d'une population double de celle que nous avons aujourd'hui.

« Si le procédé Bickès tient, comme nous le pensons, toutes ses pro-
messes, n'équivaut-il pas à la découverte d'une nouvelle France, qui
existait sous nos yeux sans qu'elle frappât notre vue. L'habile agronome
n'a-t-il pas fait une conquête plus utile et plus généreuse que celles de

Pizarre et Fernand-Cortez? Quelles couronnes, quelles statues, quel triomphe peuvent payer une acquisition pareille! Eh bien! dans notre monde garotté dans les bandelettes officielles, il est douteux que M. Bickès parvienne à faire adopter ses idées. Il paraît que déjà on a commencé à lui jouer divers tours jésuitiques. — Essais incomplets, sans contrôle de l'auteur; insinuations malveillantes et mille autres petites roueries seront tour à tour mises en jeu. C'est le passe-temps des académies, et malheureusement la France entière se ploie sous le joug académique.

« Combien de choses se passeraient différemment si le pouvoir factice que nous adorons faisait place à la féconde influence du génie et du talent! si les droits du propriétaire intellectuel étaient aussi sacrés que ceux du propriétaire foncier! Seulement, en France, le procédé de M. Bickès lui rendrait une vingtaine de *milliards*, et cette somme énorme, employée par des mains capables, donnerait naissance à de nouvelles entreprises plus gigantesques et plus merveilleuses encore. — Louis-Philippe, qui a disposé, pendant son règne, d'une somme plus forte encore, n'a su que l'enfouir dans l'entretien d'un appareil militaire inutile, d'une marine illusoire et dans la création barbare des chemins de fer. L'avenir, doté des inventions les plus brillantes par la gestion des capacités, aura peine à concevoir ces dilapidations, que nous voyons, et qui ne cesseront qu'avec le pouvoir lui-même. Alors, les savants et les réalisateurs devanceront tous les désirs et dépasseront toutes les espérances de l'humanité.

« Tel est l'avenir vers lequel devrait graviter tous les efforts; mais telle est l'injustice de l'homme, que la jalousie et l'envie réunissent tous leurs venins pour en assassiner l'inventeur qui réussit. — L'importance de la propriété intellectuelle n'est comprise par personne. Quelques hommes qui se croient avancés, proposent que les inventions soient estimées et achetées par l'État pour être jetées dans le domaine public. Et qui donc, s'il vous plaît, dans les bureaux, aura un mètre assez grand pour mesurer les œuvres des Wolff, des Papin, des Freuythich, des Séguin, des Legris, des Jobard, des Bickès, etc., etc.? Où sont les mains assez osées pour toiser de pareils géants? Et puis, quand vous aurez payé et arraché l'œuvre à peine achevée au cerveau paternel, quel lait donnerez-vous à ce nourrisson dont la constitution vous est aussi inconnue que l'avenir? Que faites-vous de vos enfants trouvés? Ils succombent par milliers, vos hôpitaux sont des nécropoles. Il en sera de même avec vos conservatoires. — L'invention, privée des soins d'un père, que vous aurez exproprié, languira et s'éteindra. Vous ne remplacerez pas plus la vigilance du génie, que vous ne savez remplacer l'amour maternel, etc., etc. »

IMPRIMERIE CENTRALE DE NAPOLÉON CHAIX ET Ce,

RUE BERGÈRE, 20.

www.ingramcontent.com/pod-product-compliance
Lightning Source LLC
LaVergne TN
LVHW012011180726
843502LV00005B/1660

9 782329 492858